深圳市绿色建筑与建筑节能发展报告

GREEN BUILDING AND BUILD-ING ENERGY EFFICIENCY DEVEL-OPMENT REPORT IN SHENZHEN

深圳市建设科技促进中心 主编

同济大学 出版社
TONGJI UNIVERSITY PRESS

图书在版编目（CIP）数据

深圳市绿色建筑与建筑节能发展报告 / 深圳市建设
科技促进中心主编 . -- 上海：同济大学出版社，2020.8
　ISBN 978-7-5608-9334-1

　Ⅰ.①深… Ⅱ.①深… Ⅲ.①生态建筑－研究报告－
深圳②建筑－节能－研究报告－深圳 Ⅳ.① TU-023
② TU111.4

中国版本图书馆 CIP 数据核字 (2020) 第 113907 号

深圳市绿色建筑与建筑节能发展报告

深圳市建设科技促进中心　主编

责任编辑　　朱　勇
责任校对　　徐春莲
装帧设计　　张　微
出版发行　　同济大学出版社　　www.tongjipress.com.cn
　　　　　　（地址：上海市四平路 1239 号　邮编：200092　电话：021-65985622）
经　　销　　全国各地新华书店
印　　刷　　上海安枫印务有限公司
开　　本　　787 mm×1092mm　1/16
印　　张　　9.75
字　　数　　243 000
版　　次　　2020 年 8 月第 1 版　　2020 年 8 月第 1 次印刷
书　　号　　ISBN 978-7-5608-9334-1
定　　价　　86.00 元

编委会

前 言

　　建设生态文明是中华民族永续发展的千年大计。党的十九大报告提出，绿水青山就是金山银山，要像对待生命一样对待生态环境，坚持人与自然和谐共生，坚持绿色发展，建设美丽中国。2019 年两会期间，习近平总书记在参加内蒙古代表团审议时再次强调，要保持加强生态文明建设的战略定力，探索以生态优先、绿色发展为导向的高质量发展新路子。两会前夕，《粤港澳大湾区发展规划纲要》正式发布，致力于打造"宜居宜业宜游的优质生活圈"。深圳市《2019 年政府工作报告》指出，全面提升生态文明建设水平，深入践行绿色发展理念，建设美丽深圳。2019 年，中共中央、国务院《关于支持深圳建设中国特色社会主义先行示范区的意见》赋予深圳建设成为可持续发展先锋的光荣历史使命。

　　党中央、国务院和省市关于生态文明、绿色发展的一系列重大决策部署，为深圳市的绿色建筑发展保驾护航并指明了方向。作为中国改革开放的前沿城市，深圳始终坚持以"三个定位、两个率先"和"四个坚持、三个支撑、两个走在前列"为统领，大力推进绿色建筑与建筑节能，不断加强生态文明建设，推动"美丽深圳"绿色宜居城市可持续发展。经过十余年的探索与实践，目前，全市绿色建筑项目超过 1 190 个，总面积超过 1.1 亿平方米，绿色建筑与建筑节能方针政策和标准规范不断完善，相关管理制度基本形成，建设技术水平逐渐提高，绿色建筑与建筑节能产业日益成熟，规模化、普及化突显。深圳市绿色建筑与建筑节能减排工作走在全国前列，被住房城乡建设部誉为引领全国绿色建筑发展的"一面旗帜"。

　　"十三五"是我国全面建成小康社会、实现第一个百年奋斗目标的决胜阶段，是深圳推进粤港澳大湾区建设和"一带一路"建设的关键时期，同时是深圳在绿色建筑发展方面大有作为的攻坚期、窗口期。"以史为鉴可以知兴替"，面对难得的历史机遇，我们应当及时对历年工作进行回顾和总结，梳理存在问题，总结成功经验，促进交流学习，进一步加强科技创新和探索实践，为夺取"十四五"全面胜利打好坚实基础。

　　本书的宗旨是全面回顾深圳市绿色建筑与建筑节能领域发展情况，聚焦深圳市绿色建筑与建筑节能事业发展的政策法规、制度建设、技术进步、行业发展、社会参与等方面，着重展示深圳市绿色建筑与建筑节能发展的各项成果与措施经验，梳理分析发展特点，揭示未来发展趋势，立足深圳，依托粤港澳大湾区建设，放眼世界，为从事绿色建筑领域的组织和个人提供翔实可信的参考资料，也为持续推进深圳市绿色建筑发展提供决策参考。

　　本书是深圳市首次编制发布绿色建筑与建筑节能领域的发展报告，在编制过程中，得到了深圳市相关行业协会组织和企业的协助，由于篇幅原因，在此不一一致谢。虽在编写过程中数易其稿，但由于时间仓促，对素材的收集不甚完全，加之编写水平有限，不足之处恳请广大从业人员和读者朋友批评指正。希望本书能为行业发展作出一份微小的贡献，并以此抛砖引玉，换来深圳市建设事业绿色发展更宏伟的篇章。

本书编制组

2020 年 3 月

目 录

总 论

推进绿色建筑与建筑节能发展，是建设领域贯彻落实习近平新时代中国特色社会主义思想、党的十九大精神和习近平总书记对深圳重要批示指示精神的关键举措，是推动建设领域绿色发展、生态发展、低碳发展的有力抓手，是推进供给侧结构性改革、促进当前经济稳定增长的重要措施，是推动建设领域科技创新、技术进步的有效途径，是把中国特色社会主义先行示范区建设成为可持续发展先锋的内在动力，是落实粤港澳大湾区战略部署、增强核心引擎功能、实现"一带一路"发展目标的内在要求，是探索生态优先、绿色发展为导向的高质量发展新路子、实现人民对美好生活向往的必由之路。

作为我国改革开放的"窗口"和"试验田"，近年来，深圳市在绿色建筑与建筑节能发展方面先行先试、走在前列，较好地发挥了特区的示范引领作用。十余年来，深圳市坚持贯彻绿色发展理念，在建筑领域坚决推进节约资源、保护环境的基本国策，围绕建设现代化、国际化创新型城市的目标，充分发挥特区改革创新优势，积极借鉴国内外先进经验做法，立足深圳实际，坚持问题导向，严格落实国家和广东省、深圳市绿色建筑与建筑节能法规政策和标准规范要求，扎实推进绿色建筑工作，在政策法规建设、科技成果进步、新建建筑节能监管、绿色建筑发展、既有建筑用能管理等方面圆满完成工作任务，各项工作迈上新的台阶，多项工作继续走在全国前列。同时，积极推动行业发展和宣传推广，进一步加强人才建设，为粤港澳大湾区乃至全国绿色建筑领域的发展提供样板。

政策法规方面 深圳市从城市发展规划尺度的长远目标到绿色建筑发展具体的行动方案，不断完善绿色建筑发展的政策环境。同时，各辖区主管部门也积极制定符合本区绿色建筑发展的政策措施，推动建设工程高质量发展。

科研成果方面 根据城市建设事业绿色发展的需要，结合深圳地域和气候特点，在全国率先出台了《公共建筑节能设计规范》（SJG 44—2018）、《居住建筑节能设计规范》（SJG 45—2018）和《绿色建筑评价标准》（SJG 47—2018）等 20 余部绿色建筑与建筑节能地方标准，建立和完善了涵盖规划设计、施工验收和运营维护在内的绿色建筑与建筑节能全生命周期技术标准体系，积极打造"深圳标准""深圳质量"，推动了整个工程建设领域的高质量发展，开展并完成大量相关课题研究。多项技术获得建设工程新技术认证，多个项目获得国家和省市建设科技领域表彰。

新建建筑节能监管方面　建立和完善从立项、规划、设计、施工、验收等各环节全过程、全方位的建筑节能监管闭合体制机制，严格执行建筑节能"一票否决"制，持续开展全市绿色建筑与建筑节能专项检查工作，在生态文明建设考核中纳入绿色建筑与建筑节能考核指标，持续推进可再生能源建筑应用和绿色建材工作，确保新建建筑严格执行绿色建筑与建筑节能相关法律法规、技术标准规范。

绿色建筑发展方面　在全国率先实现向第三方评价转变的评价机制；全市绿色建筑评价标识项目规模常年位居全国前列；积极引入国际标准落地深圳本地项目；绿色生态园区和城区建设持续深化，以"光明模式"为蓝本指引全市重点发展片区绿色高质量发展；在全国首创"绿色物业管理项目评价"，发布评级标准，开展评价工作。

既有建筑用能管理方面　在国家机关办公建筑和大型公共建筑节能监管体系建设、公共建筑节能改造、公共建筑能效提升等领域先后被纳入国家首批或首个城市级试点示范，持续深入推进公共建筑节能改造工作，加强公共建筑能效提升配套工作能力建设，加强大型公共建筑能耗监测系统的建设和运维管理，持续开展民用建筑能耗统计工作，连续多年发布《深圳市年度民用建筑能耗统计数据分析报告》，对用能较高的项目开展能源审计，对部分能耗水平较低的建筑予以公示。

行业发展方面　本地行业与企业"走出去"成效显著，充分发挥中国特色社会主义先行示范区的示范作用，已成为引领粤港澳大湾区乃至"一带一路"建设绿色建筑发展的引擎。大力培育绿色建筑咨询、节能改造等新型产业，涌现出一大批国内建设科技创新企业、绿色节能服务领军企业，打造国内同类行业协会标杆。通过建立深圳市建设科学技术委员会绿色建筑专业委员会、丰富和完善绿色建筑专家库、创新设立绿色建筑专业技术职称等一系列措施，建立和完善从领军人才、专家资源到从业人员多层次全方位的行业人才体系建设，并持续开展面向行业内外的宣贯培训活动，推动绿色建筑行业稳步、健康、可持续发展。

宣传推广方面 持续牵头组织、参与、开展了包括绿博会、高交会、可持续建筑环境地区会议等重大国际国内交流活动；与英国建筑研究院（BRE）、德国可持续建筑委员会（DGNB）等国际著名建筑研究机构开展国际友好合作；开展形式多样的宣传推广活动，传统媒体及骏绿网等新媒体及机构也对深圳市近年来在绿色建筑推广、生态文明建设等领域所进行的工作进行了相关报道，努力营造全社会、全行业关心支持绿色建筑发展的良好氛围，积极向从业人员及社会公众介绍行业最新动态，提高社会公众对绿色建筑的认知度。

在目前已取得的工作基础上，我们分别从政策制度、标准建设、科技成果、宣传推广、存量激活和行业革新等方面，对深圳市下一步促进绿色建筑发展、深化生态文明建设的具体举措进行了展望。

本书附录中收录了2006—2019年期间国家、省市绿色建筑相关的政策法规汇总、现行标准规范清单以及高星级绿色建筑评价标识项目清单。

深圳市的绿色建筑与建筑节能事业曾经跨过山河大海，但仍需跋山涉水。我们将继续在习近平新时代中国特色社会主义思想以及党的十九大精神的指引下，在住房城乡建设部、省委省政府和市委市政府的坚强领导下，解放思想、真抓实干、逢山开路、遇水架桥，奋力谱写生态文明、绿色发展新篇章，努力为"一带一路"、粤港澳大湾区建设添砖加瓦，全力建设中国特色社会主义先行示范区，在新时代走在前列、新征程勇当尖兵，为实现"两个一百年"奋斗目标和中华民族伟大复兴的中国梦作出新的贡献！

1

第 1 章

政策法规

1.1

政策引导

1.1.1 国家顶层设计

在绿色建筑的发展领域，我国早已在起步阶段就出台了相关的法律、行政法规及规章制度，并从不同层面制订了具体的计划。1997 年发布的《节约能源法》首次将建筑节能列入法律，在国家级长远战略中把建筑节能作为独立的章节列出，为推进绿色建筑的发展提供了法律依据。2004 年，国家领导人在中央经济工作会议上明确提出了要大力发展节能省地型住宅，由此，绿色建筑开始从政府管理部门的角度推广开来。2007 年，住房城乡建设部印发了《绿色建筑评价标识管理办法（试行）》（建科〔2007〕206 号），从建立评价体系入手，规范绿色建筑的管理。在这一阶段，国家先后出台了《民用建筑节能条例》《公共机构节能条例》及《民用建筑节能管理规定》，从能源利用、法律法规等方面逐步推进。

从 2008 年开始，我国绿色建筑的推广逐渐从中央政府层面向地方和行业转移，从政府主导的法律法规转为市场引导及经济激励政策。在我国"十二五"纲要中再次提到要大力推广绿色建筑、绿色施工，使用先进环保的建筑材料、设备。《国务院关于印发"十二五"节能减排综合性工作方案的通知》（国发〔2011〕26 号）要求推动建筑节能，制定并实施绿色建筑行动方案，从规划、法规、技术、标准、设计等方面全面推进建筑节能；新建建筑严格执行建筑节能标准，提高标准执行率。自此，国家第一次将绿色建筑的发展正式列入我国中长期发展规划中。从 2012 年开始，政府逐渐引导市民、房地产企业开发绿色建筑，财政部、住房城乡建设部《关于加快推动我国绿色建筑发展的实施意见》（财建〔2012〕167 号）要求到 2020 年，绿色建筑占新建建筑比重超过 30%，建筑建造和使用过程的能源资源消耗水平接近或达到现阶段发达国家水平；到 2014 年政府投资的公益性建筑和直辖市、计划单列市及省会城市的保障性住房全面执行绿色建筑标准，力争到 2015 年，新增绿色建筑面积 10 亿平方米以上。住房城乡建设部发布《关于加强绿色建筑评价标识管理和备案工作的通知》（建办科〔2012〕47号），鼓励业主、房地产开发、设计、施工和物业管理等相关单位开发绿色建筑。

2013年1月，《国务院办公厅关于转发发展改革委　住房城乡建设部绿色建筑行动方案的通知》（国办发〔2013〕1号），要求城镇新建建筑严格落实强制性节能标准，"十二五"期间，完成新建绿色建筑10亿平方米；到2015年末，20%的城镇新建建筑达到绿色建筑标准要求，并强制规定政府投资的国家机关、学校、医院、博物馆、科技馆、体育馆等建筑，直辖市、计划单列市及省会城市的保障性住房以及单体建筑面积超过2万平方米的机场、车站、宾馆、饭店、商场、写字楼等大型公共建筑自2014年起全面执行绿色建筑标准。同时，该方案提出切实抓好新建建筑节能工作，大力推进既有建筑节能改造，开展城镇供热系统改造，推进可再生能源建筑规模化应用，加强公共建筑节能管理，加快绿色建筑相关技术研发推广，大力发展绿色建材，推动建筑工业化，严格建筑拆除管理程序，推进建筑废弃物资源化利用等十大重点任务，推进我国绿色建筑发展。

2013年12月16日，住房城乡建设部发布《关于保障性住房实施绿色建筑行动的通知》（建办〔2013〕185号），要求自2014年起，直辖市、计划单列市及省会城市市辖区范围内政府投资，2014年及以后新立项、集中兴建且规模在2万平方米以上的公共租赁住房（含并轨后的廉租住房），应当率先实施绿色建筑行动。

为进一步加强和改进城市规划建设管理工作，解决制约城市科学发展的突出矛盾和深层次问题，开创城市现代化建设新局面，2016年，《中共中央国务院关于进一步加强城市规划建设管理工作的若干意见》指出，要贯彻"适用、经济、绿色、美观"的建筑方针，推广建筑节能技术，提高建筑节能标准，推广绿色建筑和建材。

根据《国民经济和社会发展第十三个五年规划纲要》《住房城乡建设事业"十三五"规划纲要》，住房城乡建设部编制发布了《住房城乡建设部关于印发建筑节能与绿色建筑发展"十三五"规划的通知》（建科〔2017〕53号），该通知是指导"十三五"时期我国建筑节能与绿色建筑事业发展的全局性、综合性规划。《规划》要求到2020年，城镇新建建筑能效水平比2015年提升20%，部分地区及建筑门窗等关键部位建筑节能标准达到或接近国际现阶段先进水平；城镇新建建筑中绿色建筑面积比重超过50%，绿色建材应用比重超过40%；完成既有居住建筑节能改造面积5亿平方米以上，公共建筑节能改造 1 亿平方米，全国城镇既有居住建筑中节能建筑所占比例超过 60%。

1.1.2　深圳市政策发展

深圳市绿色建筑与建筑节能政策演变可大致分为三个阶段：一是从 2006 年起以《深圳经济特区建筑节能条例》发布为标志的起步阶段，通过新建建筑强制执行节能要求和《关于打造绿色建筑之都的行动方案》以及推行绿色建筑与建筑节能筑联席会议制度为深圳市后续绿色建筑与建筑节能发展奠定了法律基础、工作目标和组织保障；二是全面发力阶段，《深圳市绿色建筑促进办法》以及一系列配套政策的出台推动绿色建筑发展步入法治化快车道，绿色建筑与建筑节能工作稳步快速推进；三是品质提升阶段，绿色建筑发展目标从全面强制转变到以提升工程质量打造城市精品为核心的量质齐升上，工程建设领域绿色发展上升到城市发展战略层面。

起步阶段

2006 年 7 月，深圳市第四届人民代表大会常务委员会第七次会议通过《深圳经济特区建筑节能条例》，这是全国首部建筑节能法规，在全国率先实施最严格的建筑节能"一票否决"制，要求新建建筑 100% 符合节能标准，推动了建筑节能的快速发展。同年发布的《深圳经济特区循环经济促进条例》中要求新建、扩建、改建项目应当依照有关规定编制节约能源、节约用水、节约用材、节约用地等资源节约和循环使用情况评估报告，大力发展节能省地型住宅，积极推进住宅产业现代化，将建设工程项目在循环经济绿色发展方面的要求纳入法律。通过两部法规的约束，以严格确保建筑节能，为发展绿色建筑打下牢固的技术基础和政策环境。

2008 年，为打造绿色建筑之都，加快建设资源节约型、环境友好型社会，根据《深圳市生态文明建设行动纲领（2008—2010）》，制定《关于打造绿色建筑之都的行动方案》。《方案》提出，在"十一五"期间，推动建立较为完善的绿色建筑法规、制度体系，形成一套权威、有效的绿色建筑认证标准体系、建筑能效测评与能耗统计体系，以及绿色建筑的全寿命周期动态监管体系，打造一批在国内外具有重要影响的绿色建筑，全面完成建筑节能减排指标，绿色建筑理念在全行业、全社会形成广泛共识，使深圳成为引领全国绿色建筑浪潮的重要基地。

2008 年，市政府建立了推行绿色建筑与建筑节能联席会议，确立了深圳市住房和建设局日常联络协调各区政府、市财政委、机关事务管理局等相关主管部门协同推进的工作机制，共同推动全市绿色建筑与建筑节能工作，协调解决实施过程中的困难和问题。各区政府也明确了建筑节能主管部门，设立了责任人和联系人，建立了相关责任制度。全市自上而下形成了分工分级负责的建筑节能管理体制和工作机制，为节能工作的推进和后续发展奠定了坚实的组织基础。

2010 年，深圳市发布了《关于我市保障性住房应按照绿色建筑标准建设并落实节能减排措施的通知》（深建节能〔2010〕131 号），要求确保保障性住房实现绿色建筑，从工程造价、方案设计、施工图审查、工程监理、节能专项验收等环节加强指导、监督。《通知》要求，自 2010 年 9 月 16 日起，深圳所有新建保障性住房必须按照绿色建筑标准建设，并安装太阳能热水系统和使用绿色再生建材产品。全国范围内，深圳市率先对保障性住房提出绿色建筑要求，这也是深圳市最早提出强制绿色建筑要求的民用建筑。通过保障性住房强制执行绿色建筑标准的试点和探索，为下一步新建民用建筑全面执行绿色建筑标准铺平了道路。

全面发力阶段

2013 年 1 月，时任深圳市市长许勤在《政府工作报告》中明确提出，所有新开工建设项目在全国率先 100% 推行绿色建筑标准。为落实这一决策要求，5 月 22 日，深圳市住房和建设局会同市发展改革、规划国土部门联合下发《关于新开工房屋建筑项目全面推行绿色建筑标准的通知》（深建字〔2013〕134 号），在国内率先启动实施新开工建设项目全面按绿色建筑标准建设。2013 年 8 月 20 日，国内首部促进绿色建筑全面发展的政府规章《深圳市绿色建筑促进办法》（深圳市人民政府令第 253 号）正式实施，要求所有新建民用建筑 100% 执行绿色建筑标准，为绿色建筑规模化发展提供了法制保障。《促进办法》以强制性促进、引导性促进、激励性促进作为推动深圳绿色建筑发展的主要措施，标志着深圳绿色建筑全面、规模化发展步入法治化的快车道。

此后，深圳市住房和建设局发布了一系列相关配套文件，从施工图审查、节能抽查、绿色建筑评价标识和日常监管等方面对新建民用建筑落实绿色建筑要求进行了规定，作为《深圳市绿色建筑促进办法》的保障措施。2014 年 3 月，深圳市发布了《关于加强新建民用建筑施工图设计审查工作执行绿色建筑标准的通知》（深建节能〔2014〕13 号），要求施工图审查机构对工程项目是否符合绿色建筑标准出具施工图审查报告并明确意见。2014 年 4 月，深圳市发布了《关于优化建筑节能和绿色建筑施工图设计文件抽查、绿色建筑评价及监督检查相关工作的通知》（深建节能〔2014〕23 号），对绿色建筑施工图设计文件抽查、绿色建筑评价及监督检查工作相关程序做出了规定，优化办事流程、提高办事效率。这一阶段的若干政策措施，保障了深圳市绿色建筑与建筑节能事业实现跨越式发展。

品质提升阶段

随着工程建设事业从粗放发展进入追求高质量发展的"新常态"，经过了全面发力时期绿色建筑与建筑节能工作的快速平稳发展，深圳市逐渐将发展的目光聚焦在更高层次的要求上，绿色发展作为城市长远发展战略浮出水面。

2017 年 12 月，《深圳市住房和建设局　深圳市规划和国土资源委员会　深圳市发展和改革委员会关于印发〈关于提升建设工程质量水平打造城市建设精品的若干措施〉的通知》（深建规〔2017〕14 号）要求政府投资和国有资金投资的大型公共建筑、标志性建筑项目，应当按照绿色建筑国家二星级或深圳市银级及以上标准进行建设。为了贯彻执行这一要求，《深圳市住房和建设局关于执行〈绿色建筑评价标准〉（SJG 47—2018）有关事项的通知》（深建科工〔2018〕41 号）对标准执行工作进行了具体的规定，要求在 2018 年 10 月 1 日后新办理建设工程规划许可证的政府投资和国有资金投资的大型公共建筑、标志性建筑项目，应当按照绿色建筑国家二星级或深圳市银级及以上标准执行。

2018 年 3 月 26 日，深圳市人民政府发布《深圳市可持续发展规划（2017—2030 年）》，以"三个定位、两个率先"和"四个坚持、三个支撑、两个走在前列"为统领，全面落实联合国《2030 年可持续发展议程》。以坚持绿色发展、和谐共生为基本原则，树立和践行"绿水青山就是金山银山"的理念，坚持尊重自然、顺应自然、保护自然，将生态文明建设放在更加突出位置，努力建成生态宜居城市。《规划》提出，把建设更加宜居宜业的绿色低碳之城作为深圳市可持续发展的重点工作任务，以大力发展绿色建筑和装配式建筑作为建设更加宜居宜业的绿色低碳之城的重要手段。

　　为加快推动深圳市绿色建筑量质齐升，加速促进建筑产业转型升级，根据《广东省住房和城乡建设厅关于印发〈广东省绿色建筑量质齐升三年行动方案（2018—2020 年）〉的通知》（粤建节〔2018〕132 号）等文件精神，结合深圳市实际情况，深圳市住房和建设局制定了《深圳市绿色建筑量质齐升三年行动实施方案（2018—2020 年）》。行动方案以坚持以人为本、坚持高质量发展、坚持品质提升为指导思想，提高居民的实际体验感和获得感，全面提升绿色建筑发展质量，提升建筑全过程绿色化水平，对深圳市近三年的绿色建筑发展进行了详细规划，并分阶段提出具体工作要求。行动方案要求，2018—2020 年，全市新增绿色建筑面积三年累计达到 3 500 万平方米，到 2020 年底全市新增绿色建筑面积累计超过 10 000 万平方米；全市国家二星级或深圳市银级及以上绿色建筑项目达到 180 个以上；创建出一批国家二星级或深圳市银级及以上运行标识绿色建筑示范项目；完成既有建筑节能改造面积 240 万平方米（表 1-1）。

　　行动方案要求，到 2020 年，全市绿色建筑政策法规和技术标准体系基本完善，绿色建筑规划、设计、施工、验收、运营等全过程监管进一步强化；新建建筑能效水平和绿色发展质量进一步提升；绿色建筑高星级占比大幅提升，绿色建筑运营管

表 1-1　绿色建筑"三年行动"方案期间主要指标完成情况

序号	时间（年）	行动目标			
		新增绿色建筑面积（万平方米）	国家二星级或深圳市银级及以上绿色建筑项目个数（个）	新建建筑绿色建筑达标率	既有建筑节能改造面积（万平方米）
1	2018	1100	60		50
2	2019	1200	60	100%	90
3	2020	1200	60		100
累计		3500	180	100%	240

理水平显著提高；推动一批高能耗既有建筑实施节能绿色化改造；可再生能源建筑应用稳步推进；装配式建筑发展水平大幅度提升；绿色建材在建筑中应用得到有效推广。

1.1.3　各区政策引导

各区围绕全市绿色建筑工作要求，在深圳市发布的一系列促进绿色建筑发展的政策法规基础上，根据各区实际情况制定了相应的政策指导文件，有力地推进了各区绿色建筑工作的开展。

盐田区

早在 2015 年，盐田区就发布了《盐田区绿色建筑促进办法》（深盐建〔2015〕23 号），要求区内新建民用建筑至少达到绿色建筑评价标识国家二星级或者深圳市金级的要求。这一规定在 2018 年发布的《盐田区绿色建筑与装配式建筑促进办法》（深盐建〔2018〕126 号）中得到了再一次明确，并通过《盐田区 2018 年绿色建筑发展规划和实施方案》对项目用地、设计、施工等阶段的工作任务分解到具体责任单位。

光明区

光明区结合国家绿色生态示范城区的建设，制定了一系列政策制度。《光明新区全面实施〈深圳市绿色建筑设计导则〉管理办法（试行）》是全国第一个地方性绿色建筑强制性政策，率先要求政府投资及重点区域内的社会投资建筑项目全面落实绿色建筑设计标准，并逐步推广到辖区内所有新建民用建筑项目；《光明新区绿色建筑示范区建设专项规划（2011—2020）》是全国第一个绿色建筑专项规划，开创性地将绿色建筑星级落实到具体地块中，并在项目立项、用地、设计、施工、竣工等环节进行全过程监管，为绿色新城建设提供了政策依据和强制性措施；《深圳市光明新区国家绿色生态示范城区建设管理办法》是全国第一个绿色生态示范城区的管理办法，辖区正是在此基础上逐步建立了完善的绿色生态指标体系、政策体系、规划体系、标准体系和技术体系，尤其在绿色建筑和海绵城市方面建立了完善的规划建设管控机制。

龙华区

龙华区于 2014 年通过发布《龙华新区城建局关于转发〈深圳市住房和建设局关于印发深圳市建设工程质量五年提升计划之两年治理行动实施方案的通知〉的通知》，率先要求辖区内所有政府投资建筑工程应按照绿色建筑评价标识国家二星级以上（含二星级）或深圳市金级以上（含金级）标准进行规划设计、建设和运营，同时要求在政府投资建筑工程中普及太阳能（光伏或光热）系统，全面使用绿色再生建材。发布《龙华新区绿色建筑发展目标责任考核办法》，率先开展绿色建筑发展目标责任制考核，制定考核制度，明确区各职能部门绿色建筑职责范围并对考核结果进行奖惩。

罗湖区

罗湖区在《深圳市罗湖区绿色城区建筑发展规划（2013—2020 年）》中，设立了罗湖区绿色建筑发展的近期目标和远期目标，结合罗湖区发展历史长、既有建筑较为老旧、城市更新单元多的现状条件，以既有建筑绿色化改造作为实现罗湖绿色建筑之路的重要手段，以罗湖区绿色建筑星级潜力空间分布规划图为依据，在新建园区、社区、城市更新单元实施绿色规划。

宝安区

宝安区积极响应深圳市住房和建设局、深圳市发展和改革委员会、深圳市规划和国土资源委员会《关于新开工房屋建筑项目全面推行绿色建筑标准的通知》（深建字〔2013〕134 号）要求，在 2013 年发布了《关于进一步加强我区绿色建筑建设管理的通知》（深宝建〔2013〕91 号），对新建建筑全面落实绿色建筑标准提出具体要求。早在 2012 年，《深圳市宝安区绿色建筑发展规划（2012—2020 年）》中已经把实施绿色物业管理作为推动既有建筑绿色化改造的重要抓手。

1.2
激励措施

1.2.1　市级激励措施

为促进深圳市建设领域节能减排和绿色发展，2012 年，深圳市住房和建设局会同市财政委联合编制发布《深圳市建筑节能发展资金管理办法》（深建字〔2012〕64 号），每年从市财政预算中安排用于支持全市建筑节能相关工作的专项资金。2018 年 5 月，深圳市住房和建设局会同市财政委联合修订发布了《深圳市建筑节能发展专项资金管理办法》（深建规〔2018〕6 号）。修订后的管理办法拓宽了资助范围，增加了建筑信息模型（BIM）、绿色物业、建设科技（相关科技课题、标准规范及宣传推广）、绿色建材（含新型墙材）、散装水泥、地下综合管廊等资助内容；调整了资助方式，删除贷款贴息资助方式；细化了资助类别，对绿色建筑评价标识、既有建筑节能改造、可再生能源建筑应用、课题标准、装配式建筑等领域按照不同情况分别有针对性地制定补贴政策；参照其他省市规定并结合近年来项目实际增量成本支出适当上调了资助标准。该管理办法在推进深圳市建筑领域节能减排和绿色建筑发展、促进建设科技创新和技术进步、打造深圳质量和深圳标准等方面发挥了激励和支撑作用。

截至 2019 年底，全市累计已有 170 个项目获得专项资金资助，其中包含 8 个绿色建筑项目、3 个装配式建筑项目（其中 1 个项目同时获得绿色建筑补贴）、1 个建设科技领域项目、40 个可再生能源建筑应用项目以及 119 个既有建筑节能改造项目，累计获得资金补贴 10 140.5 万元。

1.2.2　区级激励措施

大鹏新区

2017 年《关于印发＜深圳市大鹏新区循环经济与节能减排专项资金管理暂行办法＞的通知》（深鹏发财〔2017〕324 号），对被授予绿色建筑评价标识的区管民用建筑项目进行补贴，按照认证级别分别给予国家三星级、深圳市铂金级 60 元 / 平方米，国家二星级、深圳市金级 30 元 / 平方米，最高不超过 200 万元资助。

南山区

南山区在"南山区自主创新产业发展专项资金"中设立"绿色建筑分项资金"，对南山辖区内的绿色建筑、装配式建筑、建筑信息模型等工程项目以及在绿色建筑等相关工作中有突出业绩的事业单位或企业给予资助，并创新性地把获得 LEED 认证的项目也纳入补贴范围。

福田区

福田区在《2018 年深圳市福田区支持科技创新若干政策申请指南》中明确，获得国家权威机构根据《绿色建筑评价标准》（GB/T 50378—2014）的级别认证、深圳市"绿色建筑评价标识"级别认证或美国绿色建筑委员会（U.S Green Building Council 授予的 LEED）级别认证的新建建筑项目，除国家及市级资金支持外，按建筑面积和级别给予一次性奖励。

龙岗区

2017 年，龙岗区发展和改革局发布《深圳市龙岗区经济与科技发展专项资金支持循环经济和节能减排实施细则》（深龙发改〔2017〕316 号），对在龙岗区内实施的绿色建筑项目、合同能源管理项目及新能源汽车充电设施建设项目等进行专项资金支持。对获得绿色建筑评价标识国家三星级、二星级或深圳市铂金级、金级的绿色建筑项目，按照每平方米绿色建筑面积分别给予 20 元、10 元的配套奖励，最高奖励金额不超过 50 万元。对获得绿色工业建筑评价标识国家三星级、二星级的绿色工业建筑项目，按其规定支出的评价标识费用（除专家费、差旅费外）予以全额扶持，最高不超过 10 万元。

坪山区

2017 年，坪山区人民政府办公室印发《深圳市坪山区绿色建筑发展激励办法》，按照获得绿色建筑设计标识的新建项目、获得绿色建筑设计标识的既有建筑绿色化改造项目、获得绿色建筑运行标识的新建项目或既有建筑绿色化改造项目三种情形对绿色建筑项目进行补贴。

第 2 章

科研成果

2.1

技术标准

因地制宜是绿色建筑发展的核心理念。结合深圳所处"夏热冬暖"地区地域和气候的特点，深圳市建立了完善全生命周期控制的工程建设标准规范体系。2018 年，深圳市实施工程建设标准提升行动计划，启动重点领域标准国际化对标试点，对标英标、欧标，打造工程建设领域的"深圳标准"。尤其是在 2018 年完成的深圳市地方标准《公共建筑节能设计规范》(SJG 44—2018)、《居住建筑节能设计规范》(SJG 45—2018) 以及《绿色建筑评价标准》(SJG 47—2018) 的全面更新，更加强调以结果为导向，提高绿色建筑运行实效，打造给人民群众带来获得感和幸福感的绿色建筑。

2.1.1　标准体系建设情况

根据绿色建筑发展需要，深圳市及时出台了超过 20 部地方标准，建立了涵盖建筑工程规划设计、施工验收、运营维护及改造等全过程的标准体系，对推动绿色建筑与建筑节能项目建设起到了有效的规范和指导作用。在设计阶段，深圳市先后发布了《居住建筑节能设计规范》(SJG 45—2018)、《公共建筑节能设计规范》(SJG 44—2018)、《深圳市绿色建筑设计方案审查要点（试行）》、《深圳市绿色建筑施工图审查要点》等标准及技术文件，目前已启动《深圳市绿色建筑设计标准》编制工作；在施工阶段，已发布《深圳市建设工程安全文明施工标准》（SJG 46—2018）；在验收阶段，发布了深圳经济特区《建筑节能工程施工验收规范》（SZJG 31—2010）和《绿色建筑工程施工质量验收标准》（SJG 67—2019）；在运营管理阶段，已发布《深圳市公共建筑能耗标准》（SJG 34—2017）、《公共建筑能耗管理系统技术规程》（SJG 51—2018）、《绿色物业管理导则》（SZDB/Z 325—2018）、《绿色物业管理项目评价标准》（SJG 50—2018）、《绿色建筑运行检验技术规程》（SJG 64—2019）等标准规范；在改造阶段，已发布《深圳市公共建筑节能改造能效测评技术导则（试行）》和《深圳市公共建筑节能改造节能量核定导则》，在编标准《深圳市既有建筑绿色改造评价标准》和《深圳市既有建筑绿色改造技术规程》等一系列建筑节能、绿色建筑相关标准规范，覆盖更多建筑类型，向绿色建筑全生命周期扩展。

设计阶段

在建筑节能设计标准方面，2005 年和 2009 年深圳市住房和建设局分别发布了《深圳市居住建筑节能设计标准实施细则》（SJG 15—2005）、《< 公共建筑节能设计标准 > 深圳市实施细则》（SZJG 29—2009）。随着人们生活水平的不断提高，建筑能耗不断增长，急需对深圳市公共建筑和居住建筑节能标准进行全面、系统的修订和完善。2018 年 6 月，深圳市住房和建设局同时发布了《居住建筑节能设计规范》（SJG 45—2018）和《公共建筑节能设计规范》（SJG 44—2018），两部节能标准均于 2018 年 10 月 1 日起实施。与原标准相比，《居住建筑节能设计规范》（SJG 45—2018）以节能 65% 为目标，一是注重居住小区规划设计布局对热环境和风环境改善；二是形成了以深圳当地气象观测数据为基础构成的典型气象年；三是从传统的季节划分修订为深圳市的建筑节能季节划分，并提出了相应的节能设计要求；四是建立了深圳市通风时段主导风向、风速分布图，确定了自然通风贡献率的计算方法。修订后，更加契合深圳市居建节能特点，具有更高的可操作性与实施性。《公共建筑节能设计规范》（SJG 44—2018）在原节能标准的基础上，一是加强围护结构热工性能规定性指标约束力度；二是增加了围护结构热工性能权衡判断的前提条件；三是对空调通风系统节能设计要求的完善和改进；四是对电气系统节能设计要求的完善和改进；五是新增给排水及可再生能源利用等系统的节能设计要求；六是新增可再生能源应用系统设计要求，并进一步细化和完善标准条文的可操作性。

在绿色建筑方面，2014 年，深圳市住房和建设局、深圳市规划和国土资源委员会联合印发了《深圳市绿色建筑设计方案审查要点（试行）》，作为绿色建筑设计方案审查的依据。2015 年，深圳市住房和建设局在《绿色建筑评价标准》（GB/T 50378—2006）和深圳经济特区技术规范《绿色建筑评价规范》（SZJG 30—2009）的基础上编制发布了《深圳市绿色建筑施工图审查要点》，作为施工图阶段绿色建筑审查的技术依据。随着《绿色建筑评价标准》（GB/T 50378—2014）的更新，深圳市住房和建设局及时对施工图审查要点进行了重新修订并发布了《深圳市执行〈绿色建筑评价标准〉（GB/T 50378—2014）施工图设计文件审查要点》。结合国家绿色建筑评价标准，2018 年 6 月，深圳市住房和建设局编制发布了《绿色建筑评价标准》（SJG 47—2018），于同年 10 月 1 日起实施，并根据此标准编制了配套文件《深圳市绿色建筑施工图审查要点》（《绿色建筑评价标准》SJG 47—2018），进一步明确绿色建筑的设计要求，将纳入基本建设程序的绿色建筑控制指标与绿色建筑评价相分离，形成更加合理完善的绿色建筑建设管理流程。

施工阶段

为进一步提升深圳市建设工程安全文明施工标准，打造与现代化国际化创新型城市相匹配的建设工地，按照市委市政府"城市质量提升年"的总体部署和相关规定，深圳市住房和建设局组织编制了《深圳市建设工程安全文明施工标准》（SJG 46—2018），于 2018 年 5 月 3 日起实施。在传统施工规范要求的基础上，该标准把"绿色施工"这一观念融入施工现场。其主要创新点在于：一是提高设施设备安全性能标准，强化安全教育培训效能，提升建筑工地安全生产水平；二是贯彻绿色发展理念，优先使用可循环利用的材料及装配式产品，提升施工现场环境保护标准；三是打造干净、整洁、美观的工地外观形象，实现与周边环境的和谐统一；四是高标建设，合理投入，在经济实用的基础上兼顾各类建设项目的适用性，集成安全文明施工管理方面行之有效的实用技术、措施，推广智能化与信息化技术。该标准更加注重"安全、绿色、美观、实用"，作为今后深圳市建筑工程文明施工的依据，规范建筑工程施工过程，提高建筑工程建设品质。

验收阶段

为了使建筑节能专项验收有章可循，根据《深圳经济特区建筑节能条例》的规定，由深圳市建设工程质量监督总站会同相关单位共同编制了深圳经济特区技术规范《建筑节能工程施工验收规范》（SZJG 31—2010）。该规范对国内民用建筑节能工程的施工与验收现状进行了广泛的调研，结合夏热冬暖的气候特点，在全面涵盖国家和广东省建筑节能工程施工验收规范的基础上，增加了太阳能热水系统的施工和验收内容及建设、监理与监督单位在建筑节能工程施工验收中的责任和义务。

2019 年深圳市住房和建设局发布了《绿色建筑工程施工质量验收标准》（SJG 67—2019），于 2020 年 3 月 1 日实施，将国家标准《绿色建筑评价标准》（GB/T 50378）和深圳经济特区技术规范《绿色建筑评价规范》（SZJG 30—2019）中的控制项以及绿色建筑施工图审查和绿色建筑设计阶段评价中达标的评分项和加分项，均纳入验收范围。该标准根据《建筑工程施工质量验收统一标准》（GB 50300—2013）的要求，将绿色建筑工程施工质量验收融入建筑工程施工质量验收过程当中，在各分部工程验收时，同步对各分部涉及的绿色建筑内容（含绿色设计、性能、质量要求等）进行验收，不再把绿色建筑作为一个分部工程单独进行验收。

运营管理阶段

为认真贯彻执行《深圳市绿色建筑促进办法》《深圳经济特区建筑节能条例》和《深圳经济特区物业管理条例》以及其他有关绿色物业管理的政策法规，进一步落实绿色建筑运行效果、提高绿色物业管理水平，自 2011 年起，深圳市住房和建设局先后颁布《深圳市绿色物业管理导则（试行）》《深圳市绿色物业管理项目评价办法（试行）》等管理政策和技术规范，这些皆为全国的创新之举。2018 年 10 月，深圳市住房和建设局组织发布了《绿色物业管理导则》（SZDB/Z 325—2018），于 2018 年 11 月 1 日起实施。2018 年 12 月，发布了《绿色物业管理项目评价标准》（SJG 50—2018），于 2019 年 1 月 1 日起实施，这是全国首部以"绿色物业"命名的评价标准。《绿色物业管理项目评价标准》（SJG 50—2018）在保证物业管理和服务质量等基本要求的前提下，通过管理制度、节能、节水、垃圾减量分类、环境污染防治和绿化管理等方面的科学管理、技术改造和行为引导，引入科技手段和采用高效管理方法，提高项目组织管理、目标管理、培训管理、采购管理、宣传管理的效率，引导业主和物业服务企业参与推广绿色物业管理工作,有效降低各类物业运行能耗，最大限度地节约资源和保护环境，致力构建节能低碳生活社区。

2017 年，深圳市住房和建设局发布了《深圳市公共建筑能耗标准》（SJG 34—2017），对深圳市公共建筑中办公建筑、宾馆酒店建筑、商场建筑以及由上述功能组成的综合性公共建筑运行能耗进行了限定，该标准将建筑能耗指标分为约束值和引导值，以进一步提高深圳市公共建筑使用过程中的能源利用效率，将公共建筑能耗控制在合理范围内。为进一步规范公共建筑能耗管理系统建设全过程，统一公共建筑能耗管理系统技术要求，提升建筑节能运行管理水平，根据深圳市公共建筑能耗实际监管调研情况，2018 年，深圳市住房和建设局组织编制发布了《公共建筑能耗管理系统技术规程》（SJG 51—2018），于 2019 年 1 月 1 日起实施。

为了规范深圳市绿色建筑运行检验技术、服务绿色建筑运行评价和提升绿色建筑运行效果，2019 年，深圳市住房和建设局发布了《绿色建筑运行检验技术规程》（SJG 64—2019），于 2020 年 3 月 1 日实施，适用于深圳市绿色建筑运行评价时的绿色建筑运行性能及效果的检验（采用检测、核查、审查、计算、模拟分析等方法，确定运营阶段的绿色建筑性能及效果与特定要求的符合性，或在专业判断的基础上确定其与通用要求的符合性），也可用于其他民用建筑运行性能及效果的检验。

改造阶段

2014 年，深圳市发布了《深圳市公共建筑节能改造能效测评技术导则（试行）》，用于深圳市公共建筑节能改造重点城市改造项目的能效测评，能效测评结果作为评价深圳市公共建筑节能改造重点城市改造项目节能效果的重要依据。该导则对公共建筑节能改造能效测评的定义、内容、方法、程序及测评报告的编写等进行了规定。在重点城市顺利通过验收后，深圳市又积极承接国家公共建筑能效提升重点城市建设，2019 年，发布了《深圳市公共建筑节能改造设计与实施方案审查细则》及《深圳市公共建筑节能改造节能量核定导则》，加强节能改造方案审查力度，指导合同双方对节能效益确定方式、节能量核定方式、第三方机构进行实际节能效果评估方式进行约定。除此之外，目前已启动深圳市既有建筑绿色改造技术规程与评价标准的编制工作，充分挖掘全市存量建筑向绿色化转变的巨大潜力。

在覆盖建筑全生命周期的同时，与之相应的绿色建筑评价标准体系也在不断丰富和完善。2009 年 8 月，深圳市发布了第一部绿色建筑评价标准《绿色建筑评价规范》（SZJG 30—2009）。随着国家标准的不断修编以及绿色建筑发展面临的新情况，原有标准已经不能完全指导今后全市绿色建筑评价工作。根据深圳市绿色建筑实施情况及工作经验总结，深圳市住房和建设局编制发布了《绿色建筑评价标准》（SJG

47—2018），于 2018 年 10 月 1 日起实施。该标准更注重建筑性能化提升，以结果导向为主要原则，全面提高绿色建筑建设品质。与国家及其他地方标准相比，该标准的主要创新点在于：一是将评价分为三阶段，包括设计预评价、建成评价、运行评价，取消绿色建筑设计标识，增加建成标识，保留运行标识；二是节地与室外环境章节将垃圾分类及无障碍设计作为控制项要求，增加项目场地周边的公共服务配套对城市公共服务配套与交通的贡献得分要求；三是将节能与能源利用、节水与水资源利用章节的相关规定性条文演变为综合性定量指标，不强调具体的节能、节水技术措施，重点强调节能（能耗）、节水（水耗）的实际效果；四是节材与材料资源利用鼓励土建装修一体化设计与建筑工业化设计等，注重对室内环境品质的要求。

此外，针对一些具有显著区别于一般建筑物的建筑类型，如绿色校园建筑，深圳市住房和建设局正在编制专项标准《绿色校园设计标准》和《绿色校园评价标准》，目前已形成征求意见稿，在深圳教育资源紧缺的大背景下更加强化对影响下一代身心健康的校园建筑的品质把控。另外，针对建筑节能向纵深发展的新形势，深圳市住房和建设局正在编制《超低能耗建筑技术导则》，积极推进超低能耗建筑的发展。

2.1.2　与国际主流标准对比

除了我国的《绿色建筑评价标准》之外，目前应用较为广泛的国际主流的绿色建筑标准包括 LEED、BREEAM、WELL、BEAM Plus 等，与深圳市现行的绿色建筑评价标准相比各有特点。目前，深圳正在工程建设标准领域积极对标国际，积极借鉴国际标准中适应深圳市发展的内容，打造"深圳质量"。

LEED

LEED（Leadership in Energy and Environmental Design）是能源与环境设计先锋的绿色建筑评估体系，由美国绿色建筑协会（USGBC）发起，是目前全球范围内推广最为成功、最具影响力的绿色建筑评估标准。在美国部分州，LEED 已被列为法定强制标准。目前，LEED 已发展到 V4.1 版本，分为认证级、银级、金级、铂金级四个等级，已形成包含新建建筑（BD+C）、室内（ID+C）、运营维护（O+M）、邻里发展（ND）、住宅（Homes）、城市和区域（Cities and Communities）、零碳建筑（LEED Zero）七大类型的评价标准体系，其应用最多的 LEED BD+C 包括位置和交通、可持续场地、水资源利用、能源与大气、材料资源利用、室内环境质量以及提高与创新几大章节。

BREEAM

由英国建筑研究院于 1990 年创立的 BREEAM 标准，是世界上第一个也是全球最广泛使用的绿色建筑评估方法，是国际公认的描述建筑环境性能权威的国际标准。其标准体系已涵盖新建建筑（New Construction）、既有建筑（In-Use）、翻新和装修建筑（Refurbishment & Fit-out）、基础设施建设（Infrastructure）、城市区域 - 总体规划（Communities Masterplanning）等方面，从能源、健康宜居、创新、用地生态、材料、管理、污染、交通、废物处理、水十大指标进行严格评估，并按合格（Pass）、良好（Good）、非常好（Very Good）、优秀（Excellent）和杰出（Outstanding）五个等级进行评定和认证。

WELL

WELL 建筑标准最初由 Delos 公司于 2013 年创立，全球首个专门针对人员健康舒适的室内建筑标准，分为银级、金级、铂金级三个等级，现版标准主要分为空气、水、营养、光照、运动、热舒适、声环境、建材、心理、社区和创新等类别，真正从人的身体到心理全方位的健康进行评估。同时在一些得分点上，还考虑到了残障人士、身体状况特殊（如食物过敏）人士的需求，充分体现 WELL 认证体系的人文关怀。

BEAM Plus

香港绿色建筑评价标准（HK-BEAM）创立于 1996 年，是亚洲最早的绿色建筑评价标准，经过几次改版后，于 2010 年正式推出 BEAM Plus 评价体系。现行的 BEAM Plus 评价体系涵盖了新建建筑（NB）、既有建筑（EB）、室内装修（BI）、社区发展（ND）。以新建建筑标准为例，其中包含用地与室外环境、用材及废物管理、能源使用、用水、室内 / 室外环境素质及创新六大章节，评价等级共分为铜级、银级、金级、铂金级，分为暂定和最终两个阶段。

深圳标准与国家标准、国际主流标准的对比分析如表 2-1 所列。

可以看出，与国际主流标准相比，深圳市绿色建筑评价标准体系还有待完善，覆盖建筑类型还有待进一步全面；评价建筑硬件物理环境的指标较多，从使用者角度出发的指标设置有待丰富，应更加强调用户体验，努力将绿色建筑营造成为舒适健康和便捷高效的场所。

表 2-1　深圳标准与国家标准、国际主流标准对比分析

	深圳标准	国家标准（2014 版）	国家标准（2019 版）	LEED	BREEAM	WELL	BEAM Plus
等级	铂金级 金级 银级 铜级	三星级 二星级 一星级	三星级 二星级 一星级 基本级	铂金级 金级 银级 认证级	杰出（Outstanding） 优秀（Excellent） 非常好（Very Good） 良好（Good） 合格（Pass）	铂金级 金级 银级	铂金级 金级 银级 铜级
章节（以新建建筑为例）	节地与室外环境 节能与能源利用 节水与水资源利用 节材与材料资源利用 室内环境质量 施工管理 运营管理 提高与创新	节地与室外环境 节能与能源利用 节水与水资源利用 节材与材料资源利用 室内环境质量 施工管理 运营管理 提高与创新	安全耐久 健康舒适 生活便利 资源节约 环境宜居 提高与创新	位置和交通 可持续场地 水资源利用 能源与大气 材料资源利用 室内环境质量 提高与创新	能源 健康宜居 创新 用地生态 材料 管理 污染 交通 废物处理 水	空气 水 营养 光照 运动 热舒适 声环境 建材 心理 社区 创新	用地与室外环境 用材及废物管理 能源使用 用水 室内／室外环境素质 创新
标准体系	绿色建筑（新建） 绿色物业	绿色建筑（新建） 绿色办公建筑 绿色医院建筑 绿色商店建筑 绿色博览建筑 绿色饭店建筑 既有建筑绿色改造 绿色生态城区 绿色校园		新建建筑 室内 运营维护 邻里发展 住宅 城市和区域 零碳建筑	新建建筑 既有建筑 翻新和装修建筑 基础设施建设 城市区域 - 总体规划		新建建筑 既有建筑 室内装修 社区发展

2.2

课题研究

近年来，深圳市围绕绿色建筑标准更替、绿色建筑后评估、建筑性能、既有建筑绿色改造等绿色建筑发展新方向，依托深圳市建设科技促进中心、深圳市建筑科学研究院股份有限公司、深圳市绿色建筑协会以及各大设计机构、高等院校等科研主体，组织开展了一系列引领绿色建筑新发展的课题研究，覆盖多个绿色建筑关键技术领域，不断丰富和完善绿色建筑技术支撑体系，更好地指导绿色建筑高质量发展。

2.2.1　已完成的课题

截至目前，已有超过 30 余项绿色建筑与建筑节能相关课题结题，包括"深圳市太阳能热水定价机制研究""低成本隔声楼板隔声技术与施工方法研究""深圳市绿色建筑增量成本调查研究报告""深圳市建成绿色建筑后评估研究""深圳市建筑性能保障条例可行性研究""既有建筑节能改造技术实际效果测量与验证研究"等研究成果，对深圳市绿色建筑发展起到了积极的推动作用。

深圳市太阳能热水定价机制研究

随着大规模太阳能热水系统建成并投入使用，深圳市住宅项目太阳能热水系统后期运营管理也存在一些问题。该课题对深圳市居住建筑太阳能热水定价机制展开研究，希望通过研究充分掌握定价中存在的问题，解决物业管理单位与用户的深层次矛盾，确保太阳能热水系统能够可持续稳定运行，并最终达到节能减排的目的。

低成本隔声楼板隔声技术与施工方法研究

从国家制定隔声相关标准规范来看，住宅的撞击声隔声标准的要求越来越高，这也正契合了居民对高声品质住宅的心理诉求。该课题通过在对现有楼板撞击声隔声构造措施的现状调研基础上，以掌握现有隔声楼板的构造方法、施工步骤、隔声性能及使用成本，结合隔声性能、施工难易程度及使用成本，综合选择出低成本隔声楼板。

深圳市绿色建筑增量成本调查研究

    经过十余年的发展，绿色建筑行业已从单纯的技术措施堆砌发展为以技术、经济、效益等为重要考察要素的综合发展阶段。绿色建筑增量成本研究缺失，不便于咨询单位在综合考虑成本的情况下为业主选择最优的绿色建筑方案，也不利于业主对增量成本进行风险规避。该课题通过对深圳市绿色建筑项目增量成本的统计、分析及研究，梳理近年来深圳市绿色建筑增量成本变化趋势及其变化的原因。通过研究，分别得出各个等级绿色建筑的增量成本数据以及各种常用技术措施的投资收益，对后续项目建设绿色建筑的技术体系选择具有很好的参考价值。

深圳市建成绿色建筑后评估研究

    该课题选取深圳市建成后绿色建筑中的 20 个典型样本案例，从绿色建筑设计评价标识项目执行情况及绿色建筑技术的应用效果情况进行调研，并从绿色建筑在环境质量、资源消耗、管理服务等方面的实施现状，运用绿色建筑运行后评估指标进行全面评估，形成《深圳市绿色建筑实施效果调研报告》。通过对选取 20 个典型的建成绿色建筑实施效果调研，从设计执行、资源消耗、环境质量及管理服务四个方面，全面了解深圳市绿色建筑实施现状，分析总结绿色建筑运行过程中存在的问题和值得借鉴的经验。研究表明，绿色建筑设计所选的绿色技术整体落实情况较好，设计执行率基本保持在 70% 以上；深圳市已建成绿色建筑的能耗和水耗水平基本上可以满足或接近相应标准规定的能耗指标约束值和用水定额上限要求；但由于周边环境变化和实际使用模式的差异，导致场地声环境、热环境以及室内声环境、光环境符合率偏低；环境管理、物业服务等常规管理方面表现较好，但在交通服务、节能管理、用水管理以及绿色宣传教育方面尚需改进。

深圳市建筑性能保障条例可行性研究

    根据深圳市目前民用建筑投入使用的情况以及国外经验，建立建筑性能保障制度十分必要，也势在必行。鉴于此，深圳市住房和建设局组织相关单位进行了"深圳市建筑性能保障条例可行性研究"，借鉴参考日本《住宅品质确保促进法》，通过建立建筑责任担保制度，重点扩展针对舒适性和环境性的措施，保障居住建筑的绿色化发展之路，建议远期将《深圳经济特区建筑节能条例》发展形成《深圳市建筑性能保障条例》，成为集建筑工程设计、建筑工程施工建造、建筑产品买卖、物业管理以及权益纠纷处理为一体的具有法律效力的条例。

既有建筑节能改造技术实际效果测量与验证研究

该课题研究结合已完成的 61 个既有建筑节能改造项目，采用统计分析与现场测试、SPSS 独立样本 T 检验分析的方法，量化分析改造措施的实际效果，对现有节能改造技术进行统计分析。选择 4 个典型的合同能源管理项目，结合自主开发的能源管家 365 平台和供电局计费系统数据，对节能改造技术效果进行定量分析和经济性分析，并得出每一项技术的回收期。研究在节能量测评过程中，影响节能量预评估与终评估产生差异的原因及解决措施。

2.2.2　正在进行的课题

目前，深圳市正在积极开展"夏热冬暖地区既有公共建筑综合性能提升与改造关键技术""建筑室内环境质量设计共性关键技术研究""基于全过程的大数据绿色建筑管理技术研究与示范""建筑智能化技术在绿色建筑中的应用研究""太阳能空调及被动式设计用于建造在广东省夏热冬暖气候的近零能耗建筑的综合设计体系研究"和"深圳市超低能耗建筑技术指引"等一系列课题研究，为深圳地区高质量建筑的发展提供技术支撑。

夏热冬暖地区既有公共建筑综合性能提升与改造关键技术

该课题遴选夏热冬暖地区既有公共建筑综合性能提升与改造的示范工程，依托示范项目，构建既有公共建筑改造与提升的关键技术集成体系，对专项技术 / 产品及集成技术体系应用效果进行分析评估，基于综合性能提升的气候适应、功能适用、经济合理的既有公共建筑改造技术集成体系，集成多种主动 / 被动式策略结合的建筑节能技术，提出建筑工业一体化改造方法，能延续建筑生命，为深圳地区既有建筑改造提供标杆与参考，并通过既有公共建筑综合性能提升与改造服务平台为深圳乃至我国既有公共建筑综合性能提升与改造工程提供全方位服务。

建筑室内环境质量设计共性关键技术研究

该课题以污染事前预防为指导原则，以营造健康和舒适的建筑室内环境为宗旨，在建筑能耗的约束下，制定适宜人居的室内空气质量参数化表述方法，建立可定量化评估的室内空气质量设计指标体系，完善建筑室内空气质量设计工具。通过协同工作方式和动态评估的方法，构建室内空气质量设计模式，建立适用于工程应用的表征单个污染物和多污染物耦合的模拟计算模型，开展室内空气质量、室内热湿状况、建筑能耗的耦合关系与要素的研究；开发使用于室内空气质量设计和预评估动态模拟计算软件，作为开展室内空气质量设计的关键技术载体，并可方便规模化应用构建一套建筑室内空气质量控制的材料（产品）污染物散发性能数据库；课题开发的室内空气质量设计工具和数据库，为建筑室内环境工程设计提供基础数据支撑。

基于全过程的大数据绿色建筑管理技术研究与示范

该课题以公共建筑能耗监测平台大量能耗数据为基础，建立标准化数据统一定义与分类描述方法，结合云计算、BIM 等信息技术，构建贯通建筑能耗监测系统、自动控制系统、室内人员定位统计系统等信息系统之间，以及建筑能耗模拟分析模型、建筑工程信息模型之间的建筑及其机电系统数据信息交互标准化描述方法，实现建筑能耗数据综合及智能化分析，解决基于运行能耗监测数据和建筑能耗模型的绿色建筑运行管理系统实现在线分析评估、预测建议等功能时的信息融合问题，全面提升绿色建筑信息化管理水平，降低建筑运行能耗，提升建筑服务质量，推动我国绿色建筑大数据全过程管理，并为各类新型建筑智能化系统的应用需求提供基础。

建筑智能化技术在绿色建筑中的应用研究

该课题以住宅建筑和办公建筑为研究对象，通过对建筑智能化技术有关政策及标准的梳理，同时，通过文献检索、科技企业调研、建设项目实地调研等方式了解

BIM、物联网与人工智能技术等建筑智能化技术的应用及发展现状，结合深圳市绿色建筑发展现状，提出对用户可感知的智能化技术应用要求，并探索建立建筑智能化技术在绿色建筑中推广应用保障措施，以智能化技术助推深圳市绿色建筑高质量发展，提升用户的获得感、安全感和幸福感。

太阳能空调及被动式设计用于建造在广东省夏热冬暖气候的近零能耗建筑的综合设计体系研究

该课题通过调研广东省建筑数据与建筑物热湿模拟，对建筑内的水气传输做详细分析，解决高温高湿的气候问题，通过被动式设计开发包研究建筑各部件的影响，提供适用于广东的建筑被动式设计方法与评价体系；通过系统数值模拟方法，比较多种太阳能光热空调系统形式，开发一个蓄能罐缺省的系统，建立太阳能光热空调系统在广东的应用方法；结合建筑动态模拟，研究适宜广东的建筑设计体系，采用该综合设计体系，通过对建筑示范项目现场实验来检测性能，建立基于建筑被动式设计与太阳能空调系统的近零能耗建筑综合设计体系；借鉴奥利地合作方在欧洲的产业化模式，建立一个适用于广东气候特点的太阳能光热空调与被动式设计的近零能耗建筑的综合设计体系，并建立具有实用价值的评价体系与商业模式，将奥地利先进的太阳能光热空调与建筑节能技术引进广东，实现理论—应用—产业化的技术全过程落地，为广东的建筑节能、可再生能源应用带来重要发展。

深圳市超低能耗建筑技术指引

该课题主要通过理论研究、现场调研、分析比选与数值模拟等方式进行研究。通过对现已发布的有关超低能耗建筑的政策文件、节能标准及文献资料等理论研究，了解国内外超低能耗建筑的发展现状，确定适宜深圳地区超低能耗建筑的研究目标；借鉴国内外经验，探索课题的技术体系研究路经。通过对项目的实际考察、市场产品选型调查等现场调研方式，了解项目所采用的关键技术措施及运行的实际效果，发现项目技术措施应用中存在的问题及值得借鉴的技术措施，结合对市场产品类型的调查，为制定合理的关键技术指标参数及产品选型做参考，落实超低能耗建筑技术措施积累经验。根据项目中常用关键技术，结合市场调研的技术产品选型和造价成本，运用数值模拟方法优化比选验证适合深圳地区超低能耗建筑的一套技术体系,并在此研究成果的基础上,编制适合深圳市超低能耗建筑技术导则,从而实现从绿色建筑向超低能耗建筑跨越,为深圳市成为全球可持续发展创新城市的典范做出贡献。

2.2.3 下一步研究方向

随着绿色建筑的不断发展,深圳市绿色建筑单体建设已走上低成本、可复制道路,但还需进一步降低建筑能耗,探索健康建筑和健康社区,进入追求高质量发展的阶段。如何寻找绿色建筑发展由浅入深、由点到面的突破口,由单体绿色建筑推动绿色城区建筑,由单体健康建筑推动健康城区建筑,实现绿色建筑更高质量、大规模的发展,仍是深圳未来建设发展中要研究的方向。

绿色生态城区

根据十九大报告勾画的"绿色路线图",绿色发展应该从单体绿色建筑逐步扩展到绿色生态社区、绿色园区,最终向绿色城区发展。目前国家已发布《绿色生态城区评价标准》(GB/T 51255—2017),于 2018 年 4 月 1 日起实施,上海市也于 2019 年发布实施《绿色生态城区评价标准》(DG/TJ 08—2253—2018)。从国际上看,美国 LEED 标准体系早已推出 LEED ND(Neighborhood Development,即邻里发展),针对社区尺度的评价标准已在全世界范围内推广,有案例可循。香港特区在借鉴 LEED 标准体系的基础上也推出了针对社区尺度的绿色建筑评价标准。英国建筑研究院(BRE)也于近年丰富发展出针对社区尺度的评价标准。从国内外已有的研究成果来看,超越建筑尺度的绿色生态评价标准基本已有成功经验。但是,一方面,由于国情等差异,我国与国外城市建成区形态差异显著,国内不同城市(如深圳、上海等一线城市与普通地级市)在建筑密度、空间布局上也存在明显区别;另一方面,国内外对于"社区""城区"等概念定义也有所差异。深圳市在 2017 年确定了深圳湾超级总部基地、留仙洞总部基地、坂雪岗科技城等十七大重点发展片区,但目前深圳市在绿色生态城区建设标准领域的研究仍为空白,重点发展片区绿色生态建设缺乏有效指引。为深入贯彻"创新、协调、绿色、开放、共享"的五大发展理念和中央城市工作会议精神,推动全市绿色建筑由单体向规模化发展,十分有必要对深圳市绿色生态城区建设指标体系进行研究,为重点片区建设提供指引。

健康建筑

为贯彻落实党的十八届五中全会战略部署制定的《健康中国 2030》规划纲要,推进健康中国建设,要坚持预防为主,推行健康文明的生活方式,营造绿色安全的健康环境,减少疾病发生。由于人们 80% 以上的时间都待在建筑内,因此,"营造绿色安全的健康环境"的首要任务是建设营造绿色健康的建筑环境。近年来,在建筑节能、绿色建筑的基础上,健康建筑是继绿色建筑之后建筑高质量发展的必然趋势。"健康建筑"的概念被提出来并得到了行业的关注而形成标准,国内有建筑学会标准《健康建筑评价标准》(T/ASC 02—2016),国外有美国 WELL 标准。深圳市近年来绿色建筑与建筑节能发展取得了一定成效,作为全国绿色建筑发展的前沿城市,有必要紧跟时代潮流,为满足人们对健康居住环境的需求和对突发公共卫生事件防控等需求,推动绿色建筑向健康建筑等更高层次发展,编制指导和规范健康建筑的标准规范,促进深圳市健康建筑发展,并在健康建筑领域起到引领作用,对深圳建设中国特色社会主义先行示范区具有重要意义。

健康社区

针对健康建筑和社区,政府主管部门、学术界和业界都非常重视。2019 年,地产开发商、设计企业纷纷打出健康的概念,将近三分之一的开发商推出健康建筑的产品、标准和示范项目。在国内层面,由中国建筑科学研究院有限公司、中国城市科学研究会、碧桂园控股有限公司等单位编制了《健康社区评价标准》(T/CECS 650—2020),自 2020 年 9 月 1 日起实施,与此相关的国内相关标准和技术导则还包括:《健康建筑评价标准》(T/ASC 02—2016)、《全国健康城市评价指标体系(2018 版)》等。在国外层面,2017 年 9 月,国际 WELL 建筑研究院发布了 WELL 健康社区标准试行版,该标准将健康体系从单个建筑扩展至整个区域。为贯彻执行深圳市委、市政府发布的《健康深圳行动计划(2017—2020 年)》,

围绕普及健康生活、优化健康服务、完善健康保障、建设健康环境、发展健康产业，实施重点领域健康行动计划，从而全面提升市民健康素质，努力全方位、全周期维护和保障市民健康，打造"健康中国"深圳样板。针对深圳建设速度快、城市建筑密度高、土地供应紧张的特点，结合深圳地方经济发展和气候特征，编制本地的健康社区评价标准是贯彻健康中国战略部署、指导健康社区规划建设、规范健康社区评价、监督健康社区管理、实现健康社区健康性能的提升的重要手段，为深圳成为建设健康社区的示范城市添砖加瓦。

2.3

科技进步

2.3.1　创新技术

"十三五"以来，深圳市致力于建设领域重大前沿和关键共性技术攻关，累计形成创新科技成果 6 000 多项，其中，获国家科学技术进步奖 41 项，华夏建设科学技术奖 27 项，发明专利 1000 多项等。

为推动建设领域科技水平提升，促进建筑产品、建筑技术、建筑材料的不断进步和发展，2006 年，深圳市住房和建设局发布《深圳市建设工程新技术推广应用管理办法》（深建字〔2006〕134 号，为技术创新企业提供免费新技术认证服务，推行住房城乡建设部《建筑业 10 项新技术》在深圳建设工程应用并申报省级示范。十余年间，有超过 100 项绿色建筑与建筑节能方面的新技术获得了认证，包括建筑节能与新能源开发利用技术领域，节地与地下空间开发利用技术领域，节水与水资源开发利用技术领域，节材与材料资源合理利用技术领域，城镇环境友好技术领域，新型建筑结构、施工技术与施工、质量安全技术领域，信息化应用技术领域，室内环境质量领域的各项新技术。

截至 2019 年底，共有 200 多项建设工程新技术获得认证，其中有超过 137 项绿色建筑与建筑节能方面的新技术获得深圳市建设工程新技术认证，涵盖建筑室内环境、建筑材料、节能设备、立体绿化等领域。

截至 2019 年，深圳市共有包括能源大厦、腾讯滨海大厦、前海自贸大厦等高星级绿色建筑工程在内的 128 个项目通过"广东省建筑业新技术示范工程"验收；88 个项目获得国家鲁班奖，64 个项目获国家优质工程奖，23 个项目获得全国土木工程詹天佑奖。形成创新科技成果 6 000 多项，发布工程建设标准规范 100 多部，首创或在国内领先的创新技术近 50 项，国家科学技术进步奖 40 项，超高层建筑工艺和建设能力居世界前列。长圳公共安居住房项目以"绿色、智慧、创新"为目标，申报了国家发改委、科技部及住房城乡建设部等三大国家级示范，开展 20 余项国家重点科研计划专项关键技术的研究与应用。在建设科学技术创新方面取得了较好的成绩，其中，"高层钢–混凝土混合结构的理论、技术与工程应用"荣获国家科学技术进步奖一等奖；"基于 BIM 的电子招标投标系统建设与应用"和"城市建筑废弃物智能监管关键技术及平台开发应用"等 6 个项目荣获住房城乡建设部华夏建设科学技术奖三等奖。

2.3.2 创新载体

据不完全统计，截至目前，深圳市建设行业涉及绿色建筑与建筑节能领域的本土创新载体有 57 家，其中国家级重点实验室和技术中心 2 家，省级重点实验室和技术中心 10 家，市级重点实验室和技术中心 17 家，院士（专家）工作站、博士后工作站 28 家（表 2-2）。这些本土创新领军人才以及创新载体在绿色建筑与建筑节能领域卓有建树，深圳市首创或领先全国应用的创新技术绝大部分都出自他们的研究成果。

表 2-2 深圳市绿色建筑与建筑节能领域的本土创新载体

序号	类型		创新载体名称	依托单位
1	重点实验室	国家级	建筑门窗节能性能标识实验室	深圳市建筑科学研究院股份有限公司
2		省级	广东省建筑节能与应用技术重点实验室	深圳市建筑科学研究院股份有限公司
3		市级	深圳市土木工程耐久性重点实验室	深圳大学
4			深圳市建筑环境优化设计研究重点实验室	深圳大学
5			城市人居环境科学与技术重点实验室	北京大学深圳研究生院
6	工程实验室	市级	节能减碳数据平台及分析技术工程实验室	北京大学深圳研究生院
7			深圳新型智慧城市真景四维多元大数据融合处理工程实验室	中电科新型智慧城市研究院有限公司
8			深圳建筑废弃物综合利用工程实验室	深圳市为海建材有限公司

续表

序号	类型		创新载体名称	依托单位
9	工程研究中心、企业技术中心	国家级	深圳市嘉达高科产业发展有限公司技术中心	深圳市嘉达高科产业发展有限公司
10		省级	广东省绿色建筑工程技术研究开发中心	深圳市建筑科学研究院股份有限公司
11			广东省太阳能照明应用工程技术研究中心	深圳市斯派克光电科技有限公司
12			广东省高效智能环保空调制冷设备工程技术研究中心	深圳麦克维尔空调有限公司
13			广东省太阳能电池及应用产品工程技术研究中心	深圳市拓日新能源科技股份有限公司
14			深圳市 LED 室内照明工程技术研究开发中心	深圳市聚作照明股份有限公司
15			广东省建筑节能与环境控制（达实）工程技术研究中心	深圳达实智能股份有限公司
16			广东省太阳能光伏发电（科士达）工程技术研究中心	深圳科士达科技股份有限公司
17			广东省硅薄膜太阳电池（创益）工程技术研究中心	深圳市创益科技发展有限公司
18			广东省生态环境建设与保护（铁汉）工程技术研究中心	深圳市铁汉生态环境股份有限公司
19		市级	深圳市工业节能工程技术研究开发中心	深圳市奥宇控制系统有限公司
20			深圳市绿色建筑工程技术研究开发中心	深圳市建筑科学研究院股份有限公司
21			深圳市城市地质勘察工程技术研究开发中心	深圳市勘察研究院有限公司
22			深圳市智能立体车库工程技术研究开发中心	深圳怡丰自动化科技有限公司
23			深圳市建筑废弃物资源化利用工程技术研究开发中心	深圳市华威环保建材有限公司
24			深圳市 LED 室内照明工程技术研究开发中心	深圳市聚作照明股份有限公司
25			先进照明材料检测认证公共技术服务平台	深圳市倍通检测股份有限公司
26			深圳市太阳能电池及应用产品研究开发中心	深圳市拓日新能源科技股份有限公司
27			深圳市工业节能工程研究开发中心	深圳市奥宇控制系统有限公司

续表

序号	类型		创新载体名称	依托单位
28	重大基础设施	市级	深圳市福田建安建设集团有限公司技术中心	深圳市福田建安建设集团有限公司
29			深圳建业工程集团股份有限公司	深圳建业工程集团股份有限公司
30	院士（专家）工作站		深圳深圳深圳市住房和建设局聂建国院士工作站	深圳市建设科技促进中心
31			中建科技集团院士工作站（深圳）	中建科技集团
32			深圳市市政设计研究院有限公司院士（专家）工作站	深圳市市政设计研究院有限公司
33			深圳市市政工程总公司深圳市院士（专家）工作站	深圳市市政工程总公司
34			深圳市建筑设计研究总院有限公司郭仁忠院士工作站	深圳市建筑设计研究总院有限公司
35			深圳市建筑设计研究总院有限公司王建国院士工作站	深圳市建筑设计研究总院有限公司
36			深圳市市政设计研究院有限公司聂建国院士工作站	深圳市市政设计研究院有限公司
37			深圳市市政设计研究院有限公司陈政清院士工作站	深圳市市政设计研究院有限公司
38			深圳市市政设计研究院有限公司周绪红院士工作站	深圳市市政设计研究院有限公司
39			深圳雅鑫建筑钢结构工程有限公司金涌院士工作站	深圳雅鑫建筑钢结构工程有限公司
40			深圳雅鑫建筑钢结构工程有限公司祝京旭院士工作站	深圳雅鑫建筑钢结构工程有限公司
41			深圳市城市交通规划设计研究中心有限公司杜彦良院士工作站	深圳市城市交通规划设计研究中心有限公司
42			深圳航天智慧城市系统技术研究院有限公司王浩院士工作站	深圳航天智慧城市系统技术研究院有限公司
43	博士后工作站		深圳市北林苑景观及建筑规划设计院有限公司博士后创新实践基地	深圳市北林苑景观及建筑规划设计院有限公司
44			深圳市市政设计研究院有限公司博士后科研工作站	深圳市市政设计研究院有限公司
45			中建钢构有限公司博士后科研工作站	中建科工集团有限公司

续表

序号	类型	创新载体名称	依托单位
46	博士后工作站	万科企业股份有限公司博士后科研工作站	万科企业股份有限公司
47		深圳市建筑科学研究院股份有限公司博士后科研工作站	深圳市建筑科学研究院股份有限公司
48		深圳达实智能股份有限公司博士后科研工作站	深圳达实智能股份有限公司
49		深圳市嘉达高科产业发展有限公司博士后科研工作站	深圳市嘉达高科产业发展有限公司
50		天健（集团）分站博士后科研工作分站	深圳市天健（集团）股份有限公司
51		筑博设计股份有限公司博士后创新实践基地	筑博设计股份有限公司
52		深圳市建筑设计研究总院有限公司博士后创新实践基地	深圳市建筑设计研究总院有限公司
53		深圳市城市交通规划设计研究中心有限公司博士后创新实践基地	深圳市城市交通规划设计研究中心有限公司
54		清华－伯克利深圳学院博士后创新实践基地	清华－伯克利深圳学院
55		深圳市规划国土房产信息中心（深圳市空间地理信息中心）博士后创新实践基地	深圳市规划国土房产信息中心（深圳市空间地理信息中心）
56		深圳市政府投资项目评审中心博士后创新实践基地	深圳市政府投资项目评审中心
57		深圳市房地产评估发展中心博士后创新实践基地	深圳市房地产评估发展中心

第 3 章

新建建筑节能监管

深圳市深入实施《民用建筑节能条例》《广东省民用建筑节能条例》《深圳经济特区建筑节能条例》，以落实节能设计标准为核心，已全面建立从立项、规划、设计、施工、验收等各环节全过程、全方位的建筑节能监管闭合体制机制，在国内率先实施了最严格的建筑节能"一票否决"制，确保新建建筑严格执行建筑节能相关法律法规、技术标准规范。新建建筑设计阶段和施工阶段执行节能强制性标准的比例均为 100%。

3.1
设计阶段

3.1.1　方案阶段

根据《深圳市绿色建筑促进办法》第十二条规定，规划国土部门在对方案设计进行核查时，应当对建设项目是否符合绿色建筑标准进行核查。方案设计不符合绿色建筑标准的，不予通过方案设计核查，不予办理建设工程规划许可证。规划国土部门应当将方案设计以及核查意见抄送主管部门。

2014 年，深圳市住房和建设局、深圳市规划和国土资源委员会联合印发《深圳市绿色建筑设计方案审查要点（试行）》，作为绿色建筑设计方案审查的依据。此外，《深圳市建筑设计规则》也根据形势不断做出调整和修订，逐步丰富方案阶段绿色设计的控制内容。

3.1.2　施工图审查

2005 年和 2009 年，深圳市分别发布《深圳市居住建筑节能设计标准实施细则》（SJG 15—2005）、《公共建筑节能设计标准深圳市实施细则》（SZJG 29—2009）作为建筑节能设计和施工图设计文件审查的依据。根据《深圳经济特区建筑节能条例》第二十条和《深圳市绿色建筑促进办法》第十三条规定，深圳市对施工图设计文件执行建筑节能强制性标准和绿色建筑标准的情况进行审查，未经审查或者经审查不符合建筑节能强制性标准及绿色建筑标准的，不得出具施工图设计文件审查合格证明。根据深圳市住房和建设局、深圳市发展和改革委员会、深圳市规划和国土资源委员会《关于新开工房屋建筑项目全面推行绿色建筑标准的通知》第六条要求，施工图设计文件审查机构应当严格按绿色建筑技术标准和技术规范开展施工图审查，并对相应技术指标进行把关，经审查不符合绿色建筑技术标准和技术规范要求的，不予出具施工图设计文件审查合格意见。

《深圳市住房和建设局关于加强新建民用建筑施工图设计审查工作执行绿色建筑标准的通知》（深建节能〔2014〕13 号）要求施工图审查机构在原有施工图审查内容的基础上，增加对工程项目是否符合绿色建筑标准的审查，确保新建民用建筑工程在设计阶段 100% 符合绿色建筑与建筑节能标准要求。为规范和统一深圳市绿色建筑施工图设计文件的自查和审查，深圳市住房和建设局于 2015 年编制发布了《深圳市绿色建筑施工图审查要点》，并在后续国家和深圳市绿色建筑评价标准修编时同步修订施工图审查要点，作为施工图审查机构审查绿色建筑设计的技术指导文件。

3.1.3 施工图设计文件抽查

为贯彻落实《深圳市绿色建筑促进办法》，确保绿色建筑与建筑节能标准在全市新建民用建筑设计阶段的落实情况，深圳市住房和建设局发布《关于优化建筑节能和绿色建筑施工图设计文件抽查、绿色建筑评价及监督检查相关工作的通知》（深建节能〔2014〕23 号），对施工图设计文件抽查的组织机构、抽查比例、抽查方式及抽查程序进行了明确。

2016 年，根据市委市政府简政放权的工作部署，深圳市住房和建设局发布《关于进一步转变政府职能大力实行强区放权的通知(试行)》(深建法〔2016〕10 号)，调整建筑节能施工图设计文件抽查的管理方式，不再将其作为行政服务事项。施工图设计文件是否满足绿色建筑与建筑节能的标准和要求，交由施工图审查机构负责，并由质量安全监督机构在日常监督中进行监管。但这并不意味着放松了对绿色建筑与建筑节能在设计阶段的监管，在深圳市生态文明建设考核中，将"组织开展辖区绿色建筑与建筑节能施工图设计文件抽查工作"作为考核各区绿色建筑与建筑节能的重要指标，约束各区将绿色建筑与建筑节能工作落到实处。

2019 年 9 月，深圳市政府办公厅印发《深圳市进一步深化工程建设项目审批制度改革工作实施方案》提出深化施工图审查制度改革，全面取消房屋建筑及市政基础设施工程施工图审查，在取消施工图审查制度试行期间，住房建设、水务、交

通等部门应对社会投资建设项目实行 100% 抽查。与此同时，深圳市住房和建设局
积极编制《深圳市建筑工程施工图设计文件编制深度规定》等配套文件，将绿色建
筑与建筑节能作为施工图抽查的重要内容。

截至 2019 年底，深圳市累计完成施工图文件抽查项目 2 192 个，涉及建筑面
积 9 886.72 万平方米。

3.2
施工阶段

3.2.1 施工过程监管

市、区建设主管部门和工程质量监督机构均按照国家、省、市有关文件和技术标准规范要求，建立健全相应的组织制度和工作协调机制，加强项目监督管理，按照严格执法、规范执法、公正执法的原则开展日常执法检查，加大对绿色建筑与建筑节能实施情况进行事中、事后监管，严格把关。

在常规监管的基础上，为全面掌握全市各区绿色建筑与建筑节能专项工作开展情况，发现问题并改进工作，从 2009 年起，深圳市已连续多年持续开展全市范围绿色建筑与建筑节能专项检查工作，并取得良好成效。全市绿色建筑与建筑节能专项检查已经成为深圳市施工过程阶段针对绿色建筑与建筑节能执行情况的重要制度和抓手。在不断坚持绿色建筑与建筑节能检查工作的情况下，各区也逐步建立辖区监管范围内的绿色建筑与建筑节能专项检查制度。此外，在年度生态文明考核和节能目标责任考核中，均把绿色建筑与建筑节能作为考核评分项纳入考核，把各区和各单位的绩效目标与考核结果相挂钩，有效促进了绿色建筑与建筑节能工作的落实。

3.2.2 绿色施工

为进一步提升深圳市建设工程安全文明施工标准，打造与现代化国际化创新型城市相匹配的建设工地，按照市委市政府"城市质量提升年"的总体部署和相关规定，深圳市住房和建设局组织编制了《深圳市建设工程安全文明施工标准》（SJG 46—2018），并在日常监督过程中严格要求在建工地执行。在传统施工规范要求的基础上，把"绿色施工"这一观念融入施工现场，贯彻绿色发展理念，优先使用可循环利用的材料及装配式产品，提升施工现场环境保护标准，更加注重"安全、绿色、美观、实用"。深圳市住房和建设局安全文明施工标准化工作得到市领导批示表扬，省住建厅专门发文表扬并向全省推广。出台《施工围挡标准图集》，高标准推进全市建设工程施工围挡改造提升工作，督促新建项目严格按照标准图集设置围挡，全市建设工地已完成 1 000 余公里施工围挡改造。新型施工围挡质量极大提升，坚固、稳定、美观，成为城市新景观和公益广告、文化宣传等新阵地。深圳市住房和建设局荣获 2018 年度推进"深圳蓝"可持续行动计划市级先进单位，并在 2018 年的生态文明建设考核中以第一名的成绩获得市直部门 B 类优秀部门。

截至 2019 年，全市共有 113 个项目获得"深圳市绿色施工示范工程"称号。

3.3
验收阶段

　　深圳市在全国创新推出建筑节能专项验收，并在《深圳经济特区建筑节能条例》中明确要求，建筑节能专项验收不合格的，主管部门不得办理竣工验收备案手续。发布《建筑节能工程施工验收规范》（SZJG 31—2010）、《绿色建筑工程施工质量验收标准》（SJG 67—2019），为建筑节能专项验收和绿色建筑施工质量验收工作提供了技术支撑。为贯彻落实推进简政放权，进一步转变政府职能，加强事中事后监管，深圳市住房和建设局发布《关于进一步转变政府职能大力实行强区放权的通知（试行）》（深建法〔2016〕10 号），将建筑节能专项验收纳入工程质量验收同步进行。建设项目执行绿色建筑与建筑节能标准情况由质量安全监督机构在日常监督中进行把关，将工程的绿色节能情况纳入工程质量范畴。

　　为探索建立绿色住宅工程质量使用者监督机制，发挥深圳先行示范区作用，先行先试，2019 年，根据《住房和城乡建设部办公厅关于开展建立绿色住宅使用者监督机制试点工作的通知》，深圳市积极筹备、认真组织试点工作，确定了 10 个项目作为本次绿色住宅使用者监督机制试点项目，在住宅建筑验收环节积极开展绿色住宅交付验房与分户验收试点工作，圆满完成试点任务，为国家探索建立绿色住宅质量可控、使用者可监督的实施路径提供了试点经验，进一步提高人民群众获得感、幸福感。

　　截至 2019 年底，深圳市完成节能专项验收项目 3 762 个，涉及建筑面积 19 980.5 万平方米，其中公共建筑 9 939.41 万平方米，居住建筑 10 041.09 万平方米。

3.4

可再生能源

2006 年，我国通过了《可再生能源法》，将提高太阳能、风能、生物质能等可再生能源开发利用作为重要的能源战略发展目标。深圳市也紧跟国家政策的步伐，积极落实对可再生能源开发利用。深圳市属于太阳能资源较丰富地区，太阳能辐射强度地域分布均匀，太阳辐射总量季节性差异不大，具有规模化推广应用的技术条件。经过对全市太阳能、浅层地热资源的评估，结合深圳市各类可再生能源资源开发利用潜力以及在城市建筑大规模推广应用的可行性，以太阳能资源开发利用为目标，深圳市大力推动了太阳能在建筑中的推广应用。光大环保杜邦太阳能光伏发电工程获得国家"金太阳"示范项目，是目前中国南方单个面积最大、容量最大的屋顶光伏电站；拓日产业园获得国家及广东省可再生能源示范项目等。

3.4.1　政策演变

2006 年颁布实施的《深圳经济特区建筑节能条例》规定，具备太阳能集热条件的新建十二层以下住宅建筑，建设单位应当为全体住户配置太阳能热水系统。

2009 年，深圳市成为财政部、住房城乡建设部首批可再生能源建筑应用示范城市之一，为顺利完成可再生能源建筑应用示范城市工作要求，2010 年，发布了《深圳市人民政府办公厅关于印发深圳市开展可再生能源建筑应用城市示范实施太阳能屋顶计划工作方案的通知》（深府办〔2010〕86 号），将强制性应用政策扩大到所有具备太阳能热水系统安装条件和稳定热水需求的新建民用建筑。

2014 年，经过总结前期项目建设运行情况，深圳市住房和建设局发布了《关于调整太阳能光热建筑应用工作计划的通知》（深建节能〔2014〕101 号），取消高层住宅强制安装太阳能热水系统的要求。2017 年 5 月，该调整思路在市人大常委会重新发布的《深圳经济特区建筑节能条例》中进一步得到明确，最新太阳能强制应用政策为："具备太阳能集热条件的新建十二层以下住宅以及采用集中热水管理的酒店、宿舍、医院建筑，应当配置太阳能热水系统或者结合项目实际情况采用其他太阳能应用形式。"

3.4.2　示范市时期

示范市期间（2010—2015 年）深圳市共完成 225 个示范项目，累计建筑应用面积 718.09 万平方米，总集热面积 22.06 万平方米，折算可再生能源建筑应用面积达 359 万平方米，超出市政府"工作方案"的要求，超额完成可再生能源建筑应用城市示范任务。测评结果表明，通过太阳能热水系统示范项目建设，全市预计每年可节约 19 157.1 吨标准煤，可减少二氧化碳排放 47 318.0 吨，减少二氧化硫排放 383.1 吨，减少烟尘排放 191.6 吨；深圳市可再生能源建筑应用取得了十分显著的经济、环境与社会效益。

示范项目类型涵盖了住宅、学生宿舍、工厂宿舍、医院住院楼等多种功能建筑。示范项目中新建和既有建筑项目应用面积分别为 552.15 万平方米和 169.94 万平方米。示范项目分布在深圳市 10 个行政区，具有数量多、规模大、建筑类型复杂和区域分布广泛等特点。其中，宿舍建筑 100% 采用了全集中系统，公共建筑 97.1% 采用了全集中系统，但住宅建筑只有 8.2% 采用了全集中系统，更多的是采用半集中式系统。半集中式太阳能热水系统由于造价便宜、使用灵活、设备管理和收费相对简单，较易为业主、物业管理单位与居民接受，因而在住宅建筑中应用更为广泛。

3.4.3　后示范市时期

在可再生能源建筑应用示范市顺利通过验收的基础上，深圳市继续开展可再生能源建筑应用工作。截至 2019 年底，共有太阳能光热建筑应用项目 1 022 个，集热面积 97.42 万平方米，使用面积 2 680.01 万平方米，太阳能光伏应用项目 74 个，使用面积 473.14 万平方米，装机功率 49 750.21 千瓦。

2016—2019 年深圳市新建建筑可再生能源应用如表 3-1 和图 3-1、图 3-2 所示。

表 3-1　2016—2019 年深圳市新建建筑可再生能源应用数据变化

年份	光热运用			光伏运用		
	建筑面积（万平方米）	集热器面积（万平方米）	项目数量（个）	建筑面积（万平方米）	装机功率（千瓦）	项目数量（个）
2016	348.55	10.05	127	47.07	1 648.00	12
2017	82.09	2.34	49	30.46	381.51	8
2018	38.29	2.99	33	16.41	581.76	7
2019	55.56	1.87	51	13	123	3

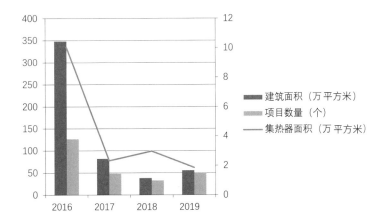

图 3-1　2016—2019 年深圳市新建建筑太阳能光热运用数据趋势

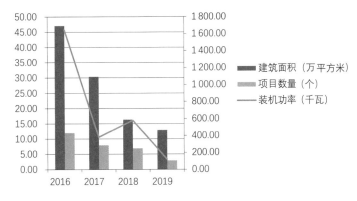

图 3-2　2016—2019 年深圳市新建建筑太阳能光伏运用数据趋势

　　示范市建设结束后，深圳市可再生能源建筑应用规模呈下降趋势，其主要原因有以下几方面：一是示范市建设时期配套资金较为充足，建筑工程项目可再生能源应用积极性高，示范市通过验收之后由于缺少配套资金的持续支持，影响了项目建设积极性。二是通过示范市实施期间总结出的一系列可再生能源建筑应用经验教训，深圳市逐步调整了可再生能源建筑应用的政策要求，不再"一刀切"做强制要求后，可再生能源建筑应用数量和面积呈现下降趋势。与此同时，深圳市通过政策和激励手段，鼓励可再生能源建筑采用更加科学、经济的技术路线，合理使用，在前期工作中不断总结完善并发展深圳市可再生能源建筑应用道路。

3.5

绿色建材

深圳市在国内率先推进建筑领域节能减排与绿色低碳发展，通过大力推广散装水泥，全面应用预拌砂浆、预拌混凝土，大力推广新型墙体材料、绿色再生建材和全面发展节能建筑、绿色建筑等多种途径逐步推广绿色建材，成效显著。

3.5.1　政策法规

《深圳市建筑废弃物减排与利用条例》于 2009 年 10 月 1 日起执行，该条例是第一部明确规定建筑废弃物必须综合利用的地方法规，首次提出了建筑废弃物应遵循减量化、再利用、资源化的原则。2010 年 6 月，发布了《关于在政府投资工程中率先使用绿色再生建材产品的通知》（深建字〔2010〕126 号），北环大道改造工程等 14 个项目作为首批试点项目，率先在人行道板、路基垫层、管井、管沟、永久土坡护面、砖胎膜、基础垫层、砌筑型围墙、广场、室外绿化停车场等工程部位全面使用绿色再生建材产品。

3.5.2　技术标准

标准规范制定和技术推广方面，发布了《预拌砂浆生产技术规范》（SJG 11—2010）、《预拌砂浆应用技术规范》（SJG 12—2010）、《深圳市建筑废弃物减排技术规范》（SJG 21—2011）、《深圳市再生骨料混凝土制品技术规范》（SJG 25—2014）、《建设工程建筑废弃物排放限额标准》（SJG 62—2019）、《建设工程建筑废弃物减排与综合利用技术标准》（SJG 63—2019）、《深圳市建筑废弃物再生产品应用工程施工图设计文件审查要点》等技术标准。全市每年发布《深圳市新技术新产品推广目录》（含外地产品在深圳推广），形成预拌混凝土、预拌砂浆、加气混凝土砌块、建筑废弃物再生产品等多种绿色建材产品体系，满足了建设工程的需要。

此外，在 2018 年新发布的深圳市地方标准《绿色建筑评价标准》（SJG 47—2018）中强化对绿色建材应用的相关要求，评分项中鼓励采用通过认证的绿色建材，对于绿色建材应用比例达到一定要求或者应用高星级的绿色认证建材通过创新项进行额外鼓励，充分发挥绿色建材与绿色建筑的有机结合和相互促进作用。

3.5.3 绿色建材评价标识

2015 年 10 月，住房城乡建设部和工信部印发《绿色建材评价技术导则（试行）》，绿色建材涵盖砌体材料、保温材料、预拌混凝土、预拌砂浆、建筑节能玻璃、陶瓷砖、卫生陶瓷七类建材产品。深圳市预拌砂浆、预拌混凝土、新型墙体材料、建筑废弃物再生产品等节能环保建材均属于绿色建材。2016 年国内陆续开展绿色建材标识评价，深圳市积极组织开展绿色建材专题讲座，鼓励企业开展绿色建材生产和应用技术改造，积极参与国家、省级绿色建材评价活动，目前深圳市共有 4 家企业生产的2 类（保温材料、预拌混凝土）9 种产品获得三星级绿色建材标识，如表 3-2 所列。

表 3-2 深圳市三星级绿色建材标识产品清单

序号	证书编号	产品名称	企业名称	星级
1	31000000000022018120861	保温材料	深圳市摩天氟碳科技有限公司	★★★
2	31000000000022018080721	保温材料	深圳恒固防腐纳米科技有限公司	★★★
3	31000000000032016110081	预拌混凝土	深圳市安托山混凝土有限公司	★★★
4	31000000000032016110086	预拌混凝土	深圳市为海建材有限公司	★★★
5	31000000000032016110082	预拌混凝土	深圳市为海建材有限公司	★★★
6	31000000000032016110087	预拌混凝土	深圳市为海建材有限公司	★★★
7	31000000000032016110083	预拌混凝土	深圳市为海建材有限公司	★★★
8	31000000000032016110088	预拌混凝土	深圳市为海建材有限公司	★★★
9	31000000000032016110084	预拌混凝土	深圳市为海建材有限公司	★★★

数据来源：全国绿色建材评价标准信息管理平台。

3.5.4　建筑废弃物综合利用

深圳市住房和建设局把建筑废弃物资源化利用作为推动绿色建材应用的重要手段之一。2018 年，深圳市成为全国建筑垃圾治理试点城市，印发《实施加强全市建筑废弃物处置工作的若干措施》，标准规范逐步健全，政策法规体系加快完善，大力推进建筑废弃物综合利用。深圳市建筑废弃物智慧监管系统顺利通过住房城乡建设部"科学技术计划项目"信息化示范工程验收，建筑废弃物智慧监管系统上线运行并实现全市建设工程全覆盖，日均产生电子联单 15 000 余条，建筑废弃物处置全链条管理进一步规范。基于该系统的关键技术研究与应用项目获得国家地理信息科技进步奖一等奖，城市建筑废弃物智能监管关键技术及平台荣获华夏建设科学技术奖三等奖。截至目前，已有 42 家企业列入深圳市建筑废弃物综合利用企业信息名录，建成固定式综合利用厂 15 家，年设计处理能力超过 2 100 万吨，2019 年度实际处理量约 1 485 万吨（累计超过 3 660 万吨），初步实现了建筑废弃物综合利用产业化和规模化发展。

第 4 章
绿色建筑发展

4.1
评价标识制度

2009 年，住房城乡建设部发布《关于推进一二星级绿色建筑评价标识工作的通知》（建科〔2009〕109 号），在制定出台了当地绿色建筑评价相关标准的省、自治区、直辖市、计划单列市推广开展本地区一、二星级绿色建筑评价标识工作。

绿色建筑评价标识工作经过多年的发展已呈现出新的局面。为更好地贯彻落实《绿色建筑行动方案》精神，促进绿色建筑快速健康发展，积极转变政府职能，逐步推行绿色建筑标识实施第三方评价，2015 年《住房城乡建设部办公厅关于绿色建筑评价标识管理有关工作的通知》（建办科〔2015〕53 号）中明确指出住房城乡建设部不再对各地住房城乡建设行政主管部门及有关评价机构审定的绿色建筑标识项目进行公示、公告和统一颁发证书、标识。各地住房城乡建设行政主管部门对本行政区域内绿色建筑标识评价工作的管理，逐步推进绿色建筑评价向第三方评价方式转变。在此基础上，2017 年，《住房城乡建设部关于进一步规范绿色建筑评价管理工作的通知》（建科〔2017〕238 号）进一步下放绿色建筑管理权限，绿色建筑评价标识实行属地管理，各省、自治区、直辖市及计划单列市、新疆生产建设兵团住房城乡建设主管部门负责本行政区域内一星、二星、三星级绿色建筑评价标识工作的组织实施和监督管理。

2016 年 9 月，为优化绿色建筑标识评价流程，更好地实施第三方评价，深圳市住房和建设局发布《关于认真贯彻落实〈住房城乡建设部办公厅关于绿色建筑评价标识管理有关工作通知〉的通知》（深建科工〔2016〕41 号），明确深圳市绿色建筑标识实施第三方评价，深圳市建设科技促进中心、深圳市绿色建筑协会、中国城市科学研究会绿色建筑研究中心、住房城乡建设部住宅产业化促进中心四家评价机构作为独立的第三方评价机构可以在深圳市受理绿色建筑评价标识申请。2017 年，深圳市通过修订《深圳市绿色建筑促进办法》，明确绿色建筑标识实施第三方评价。

目前，深圳市已形成了以本地评价机构（深圳市建设科技促进中心、深圳市绿色建筑协会）为主，外地评价标识机构（中国城市科学研究会绿色建筑研究中心、住房城乡建设部住宅产业化促进中心）为辅，本地评价机构依托本地专家受理大部分中高星级项目评价标识、国家级评价机构借助全国专家力量受理少部分高星级项目的互为补充的评价格局。深圳市建设科技促进中心作为深圳市住房和建设局直属事业单位同时负责评价标识项目备案、统计和信息上报等评价标识管理工作，与其他第三方评价机构协调分工，相互配合。

根据近年来国家和地方绿色建筑标准的不断更新的情况，为适应新时期绿色建筑评价工作的要求，规范深圳市绿色建筑评价管理，根据国家和深圳市绿色建筑相关文件规定，2018 年，深圳市住房和建设局启动编制《绿色建筑评价标识管理办法》《绿色建筑专家管理办法》等配套文件，对全市绿色建筑评价工作的工作机制、监督机制和信用机制进行规定，该办法预计将于 2020 年发布。

4.2
评价标识情况

自 2008 年首个项目获得国家绿色建筑评价标识以来，深圳十余年间获得绿色建筑评价标识的项目数量和质量均取得了跨越式增长，绿色建筑建设走上低成本、可复制道路。截至 2019 年底，深圳市共有超过 1 000 个项目获得了绿色建筑评价标识，绿色建筑面积超过 1 亿平方米。深圳已成为目前国内绿色建筑建设规模、建设密度最大和获绿色建筑评价标识项目、全国绿色建筑创新奖数量最多的城市之一。

深圳市在绿色建筑发展的十余年间，寻找出了一条具有深圳特色的绿色建筑发展路线，并且完成了绿色建筑从追求数量到追求质量的方向转变。一方面，绿色建筑的数量和面积连年增长，保持着快速增加的趋势；另一方面，随着公众和相关企业对于绿色技术、建筑节能的认识逐渐深刻，有越来越多的项目选择了高等级绿色星级作为项目建设目标。十余年来，全市共有 66 个项目获得了绿色建筑国家三星级或深圳市铂金级认证。2008—2019 年深圳市绿色建筑变化趋势如图 4-1 所示。

从绿色建筑评价标识项目总体数量来看，由于 2010 年要求保障性住房 100%按照绿色建筑标准要求建设这一局部强制政策，因此，在 2010—2013 年期间迎来了第一拨绿色建设高潮，从最初的每年只有个位数转变为逐年翻倍增长的态势；随

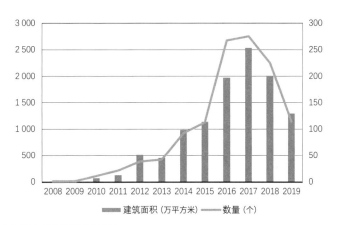

图 4-1 2008—2019 年深圳市绿色建筑变化趋势

着 2013 年 7 月绿色建筑促进办法出台，强制范围扩大至全市新建民用建筑，因此，绿色建筑迎来跨越式增长，实现增幅超过 100%；随着工程建设进程的加快和城市建设规模的扩大，在 2016 年迎来第三次绿色建筑评价标识项目的建设高潮，标识项目数量在 2017 年达到顶峰。但是，随着 2016 年下半年出台的绿色建筑评价标识可自愿申报的政策，从 2017 年起，绿色建筑标识项目呈下降趋势，但从项目质量来说，高等级项目绝对数量和比例都呈明显上升趋势，绿色建筑更加趋于良性发展。

4.2.1 按照功能类别

深圳市获得国家绿色建筑评价标识认证项目中，居住建筑获得标识数为 414 个，总建筑面积为 4 387.88 万平方米，评价标识数比例为 34.5%，建筑面积比例为 42.9%；公共建筑获得标识数为 748 个，总建筑面积为 6 015.06 万平方米，评价标识数占标识总数的 62.4%，建筑面积占总面积的 50.5%，主要分为机关办公建筑、商业办公建筑、教育建筑、医院建筑、公共建筑、商住混合建筑等。此外，共有 7 个工业建筑项目获得评价标识，占 0.58%，建筑面积 55.39 万平方米，占 0.41%。具体如图 4-2 和图 4-3 所示。

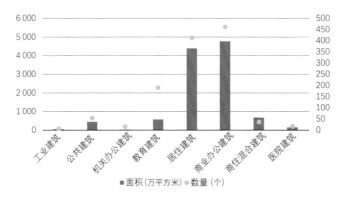

图 4-2 深圳市不同使用功能项目标识数及建筑面积统计分析

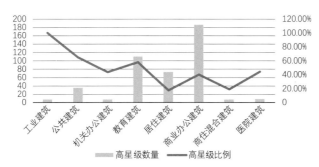

图 4-3 各类型绿色建筑高星级数量及比例统计

各类建筑中商业办公建筑的高星级数量最多，共有 186 个项目获得高星级认证，但由于商业办公建筑总数较多，因此其高星级比例并不高，为 40.17%。高星级占比最高的为工业建筑，深圳市没有强制要求工业建筑执行绿色建筑标准，申报绿色工业建筑的多为企业自发，其对各类技术投入的意愿更高，因此，7 个项目全部为国家二星级。教育建筑高星级的数量和比例也较高，一方面，是由于其绝大部分为政府投资，积极地对绿色建筑进行实践；另一方面，是教育建筑的使用者绝大多数为青少年儿童，为了下一代的茁壮成长和从小对其培养绿色环保的意识，采取高星级建造的比例也较高。高星级比例最低的为商住混合建筑和居住建筑，分别为18.92% 和 17.63%。居住建筑多以出售为主，开发单位基于一次性销售的考量更加重视成本，对建安成本较为敏感，通常不会考虑通过长期运营收回成本，因此也较少采用各类绿色技术；此外，相对于公共建筑功能种类较多、技术体系较为复杂的情况，居住建筑本身技术措施较为简单，客观上实现高星级绿色建筑的难度较大，但也有龙悦居三期等政府投资的保障性住房项目达到了国家三星级、深圳市铂金级最高等级的居住建筑，起到了表率作用。

4.2.2　按照标识类型

在深圳市所有获得绿色建筑评价标识的项目中，仅获得运行标识项目有 19 个，占总项目数的 1.6%；仅获得设计标识项目 1 171 个，占总项目数的 97.6%；同时获得运行和设计的项目共 9 个，占总项目数的 0.8%（图 4-4）。设计标识及运行标识绿色建筑高低星级对比如图 4-5 所示。

从以上数据分析可知，目前深圳市仍然存在设计标识多、运行标识少的情况。深圳市的运行标识比例约为 2%，低于国家 5% 的水平。虽然 2019 年度深圳市绿色建筑运行标识项目数量创造了历年新高，有 8 个项目获得运行标识，但仍然仅占全年项目数量的 3.5%。此外，28 个运行标识项目中有 26 个都按照高星级要求运营，比例达到 92.9%，而设计标识当中高星级项目比例仅占 34.8%，这也说明在缺乏对绿色建筑运营管理监管手段和力度的现状下，申请运行标识的项目往往都是主动的、自发的、真正追求实现建筑物绿色运营的。对于这一部分项目要加大鼓励和支持力度，积极引导更多建筑物投入绿色运营。

■设计标识　■运行标识　■设计+运行

图 4-4　绿色建筑标识类型统计

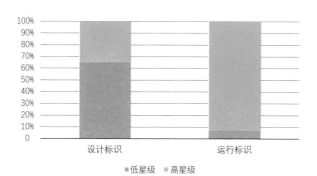

■低星级　■高星级

图 4-5　设计标识及运行标识绿色建筑高低星级对比

4.2.3　按照标准和等级

　　深圳作为全国少数拥有地方绿色建筑评价标准的城市之一，对评价标准采用一直持兼收并蓄、包容开放的态度，国家标准和深圳地方标准皆适用。国家标准《绿色建筑评价标准》（GB/T 50378—2006）自 2006 年发布实施，经过多年发展，于2014 年修订发布新版标准。2009 年，深圳市发布《绿色建筑评价规范》（SZJG 30—2009），并于 2018 年修订为《绿色建筑评价标准》（SJG 47—2018）。此外，还有项目根据项目属性采用国家标准《既有建筑绿色改造评价标准》（GB/T 51141—2015）、《绿色医院建筑评价标准》（GB/T 51153—2015）及《绿色工业建筑评价标准》（GB/T 50878—2013）等相关标准进行评价。

　　图 4-6 中，年份间的堆积面积表示 2008—2019 年间各参照国家绿色建筑评价标准获得绿色建筑标识的不同星级的项目面积,柱状堆积图表示各星级的标识数量。其中，2018 年获得国家绿色建筑标识的数量最多，共有 120 个项目获得国家绿色建筑评价标识；2019 年获得国家绿色建筑评价标识的面积最大，为 1 083.44 万平方米。虽然近两年间获得国家绿色建筑标识的建筑面积相近，但从各等级的数量和比例上看，2019 年二星级的高星级比例明显增多，一星级的低星级比例明显降低。

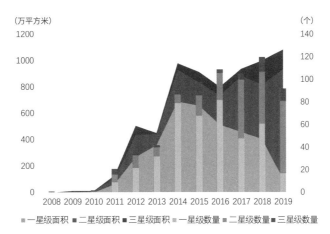

图 4-6 国家标准各等级绿色建筑数量及面积统计

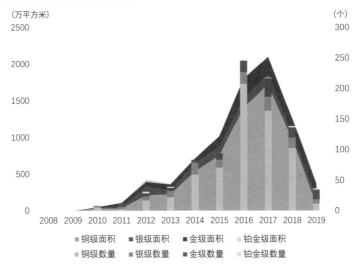

图 4-7 深圳地方标准各等级绿色建筑数量及面积统计

低星级的数量和面积比例从 2015 年开始降低，标志着绿色建筑逐渐从走量往重质的方向良性发展。

采用深圳市绿色建筑评价标准获得标识的项目经过从 2008 年到 2015 年的稳步发展后，在 2016 年获得了突破式增长，2016 年共有 246 个项目获得了深圳市绿色建筑评价标识。2016 年，深圳市住房和建设局发文绿色建筑评价标识可自愿申报，不再对绿色建筑要求强制申报，因此，在 2017 年虽然项目数量有所减少，但总建筑面积相比 2016 年有所增加。随着自愿申报政策的延续性，且 2018 年 7 月深圳市修订发布了新版《绿色建筑评价标准》（SJG 47—2018），取消了设计标识，要求项目建成后才可申报绿色建筑评价标识，因此，近两年深圳市绿色建筑标识数量有所降低（图 4-7）。2014 年开始，银级以上高星级数量开始明显增多。

由高星级绿色建筑数量及面积逐年统计图（图4-8）可以看出，早期自发阶段
高星级项目占比比较高，多为有绿色发展意识的企业自愿申报。从政策强制要求起，
项目总量增加导致高星级项目比例相对降低，但近年来有回升趋势，说明市场趋于
理性，但高星级项目的比例仍有提高的空间。

4.2.4 按照项目区位

十余年来，深圳市各区累计的绿色建筑数量和面积、数量比例如图4-9、图4-10
所示。

图 4-8　高星级绿色建筑数量及面积逐年统计

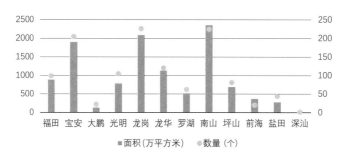

图 4-9　深圳市各区绿色建筑数量和面积统计

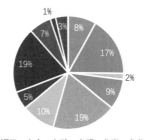

图 4-10　深圳市各区绿色建筑数量比例统计

　　从以上统计图中可以看出，获得绿色建筑标识最多的是龙岗区，共有 225 个项目获得了绿色建筑标识认证。面积最多的是南山区，共有绿色建筑面积 2 350 万平方米。随后的是宝安区，以 204 个项目和 1 896 万平方米位于数量和面积的第三名。三个区累计贡献超过了全市 50% 的绿色建筑项目。

　　从图 4-11 中可以看出，宝安、南山、龙岗等几个建设大区伴随着建设工程规模的增大，其绿色建筑的规模也相应较大，且原关外地区开发较晚，具有后发优势，仍有待开发；除南山区外，原关内各区由于可建设用地面积较为紧缺，因此绿色建筑建设规模总体上小于原关外各区，但从建设标准来看，高星级绿色建筑比例总体较高；南山区由于深圳湾超级总部基地、留仙洞总部基地等重点发展片区的存在以及后海、蛇口和科技园等区域汇集了高端写字楼与住宅项目，因此，在高星级绿色建筑项目数量上领先全市；前海合作区全面贯彻打造"高星级绿色建筑规模化示范区"的要求，超过 80% 的项目按照绿色建筑高等级要求建设；光明区作为全国首个绿色生态示范城区，绿色建筑高星级项目数量和比例领衔原关外各区；深汕合作区作为新区实现了绿色建筑零的突破。随着"二线关"撤销、特区内外一体化进程，以及东进战略、粤港澳大湾区建设等一系列发展战略，关外建设领域的短板逐渐补齐补强，近年来，高星级项目呈不断增多趋势。

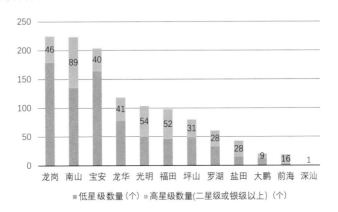

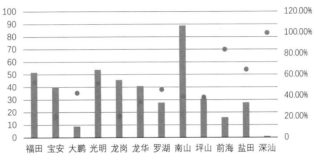

图 4-11　深圳市各区高星级与低星级标识数量对比分析

4.2.5 按照投资类型

根据政府投资和社会投资两种类别来对获得绿色建筑标识的项目进行分类，社会投资项目共有 871 个，累计面积 9 261 万平方米，政府投资项目共计 328 个，累计面积 1 821 万平方米。

从绿色建筑数量及面积比例来看，政府投资项目数量占比约为 27.4%，面积占比约为 18.6%；社会投资项目数量和面积的比例分别为 72.6% 和 81.4%（图 4-12）。

在社会投资项目中，仅有 29% 为高星级项目。而在政府投资项目中，高星级项目达到了 55%，明显高于社会投资项目（图 4-13、图 4-14）。

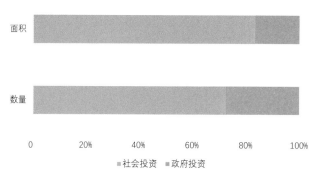

图 4-12　各投资类别绿色建筑数量及面积比例

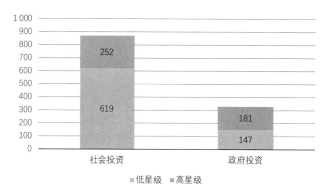

图 4-13　各投资类别低星级与高星级分布数量

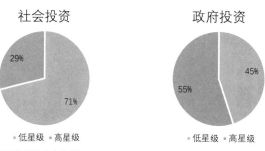

图 4-14　各投资类别低星级与高星级分布比例

　　虽然每年政府投资项目和社会投资项目的绝对数量相差较悬殊，但在深圳市逐年的高星级项目统计图（图 4-15）中可以看出，政府投资和社会投资高星级项目数量差距不大。深圳市出台了一系列政策法规文件，要求政府投资项目优先采用高星级标准进行设计、建设。推动绿色建筑领域发展的同时，给各类社会企业起到表率带头作用，鼓励社会投资项目采用高星级标准进行设计、建设。

4.2.6　按照企业类别

开发企业（图 4-16）

　　自 2008 年以来，各建设单位对于绿色建筑的意识开始逐渐觉醒，众多开发企业意识到了绿色建筑对于提高项目质量的重要性，并逐渐加大在绿色建筑领域的投入。

　　十余年来，深圳市社会投资的绿色建筑项目接近 900 个，万科地产、招商蛇口、华润集团等以深圳为大本营的龙头开发企业在绿色建筑领域持续发力。其中，万科地产在十年前就将"做卓越的绿色企业"写入公司愿景，以 34 个绿色建筑项目、47% 高星级比例的成绩位居深圳市绿色建筑开发企业的头把交椅。随后是招商蛇口，

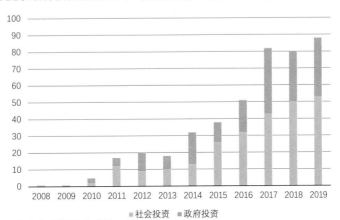

图 4-15　高星级项目投资类别数量逐年统计

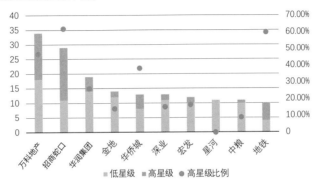

图 4-16　开发企业获绿色建筑评价标识项目数量及高星级比例

共有 29 个项目获得了绿色建筑标识，其中 18 个项目为高星级，其高星级比例为建设单位中最高的，达到了 62%。华润集团共有 19 个项目获得了绿色建筑的认证，其中 5 个项目为高星级。金地、华侨城、深业、宏发、星河、中粮和地铁等公司，均有十余个项目获得了绿色建筑标识。

尽管开发企业以营利为第一目的，但这些开发企业把目光放长远，能够意识到绿色建筑的重要性，并持续主动进行技术研发、项目实施，不仅为深圳市的节能减排事业添砖加瓦，同时也提高了企业自身的竞争力和社会责任感。

设计企业（图 4-17）

在历年来获得绿色建筑标识的项目中，深圳市建筑设计研究总院有限公司以 104 个项目名列榜首，并且其高星级项目数量也最多，共有 41 个项目获得了高星级认证。筑博设计股份有限公司以 80 个项目位列第二名，其高星级项目为 28 个。深圳市华阳国际工程设计股份有限公司以 74 个项目位列第三名，其高星级项目为 34 个。深圳华森建筑与工程设计顾问有限公司、香港华艺设计顾问（深圳）有限公司、悉地国际设计顾问（深圳）有限公司、深圳机械院建筑设计有限公司、奥意建筑工程设计有限公司、深圳大学建筑设计研究院有限公司和深圳市华筑工程设计有限公司等本地知名设计企业均有 30 余个设计项目获得绿色建筑评价标识。其中，悉地国际设计顾问（深圳）有限公司的高星级比例是所有设计企业中最高的，达到了 47.6%。奥意建筑工程设计有限公司和深圳机械院建筑设计有限公司分别在其 40 个项目中有 16 个达到了高星级认证，比例为 40.0%。

从设计企业排名可以看出，本土知名大院对深圳本地的政策法规及技术标准更为了解，也具备更为雄厚的技术实力支持其设计阶段更多综合考虑各项绿色技术，将绿色建筑的理念融入设计中。

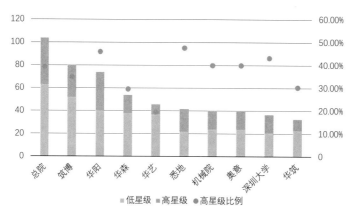

图 4-17　设计企业获绿色建筑评价标识项目数量及高星级比例

绿色建筑咨询企业（图 4-18）

　　截至 2019 年底，共有超过 60 家绿色建筑咨询企业在深圳开展绿色建筑咨询工作。其中，深圳市建筑科学研究院股份有限公司以 265 个项目的绝对数量领跑众多咨询企业，占据全市绿色建筑咨询市场份额的 1/4。在获得标识最多的同时，其高星级比例也是全市最高的，共有 145 个项目获得了高星级认证，比例达到了54.7%。深圳市越众绿色建筑科技发展有限公司共有 153 个项目获得了绿色建筑标识。深圳市骏业建筑科技有限公司和深圳国研建筑科技有限公司也分别有超过 100个项目获得认证。越众、骏业和国研的高星级比例均在 20% 左右，在高星级项目咨询方面还有很大提升空间。此外，还有中技、建研院深圳分院、筑博、万都时代、华阳绿建和青和时代等咨询单位，均有数十个项目获得绿色建筑标识。

　　目前，深圳市绿色建筑咨询工作的主要模式还是以建设企业委托专门的绿色建筑咨询企业进行绿色建筑咨询和申报为主，或者由设计企业将绿色建筑专项设计分包给绿色建筑咨询机构，绿色建筑咨询机构配合设计院进行设计并负责后续的申报等工作。

　　随着绿色建筑的深入发展，绿色建筑项目逐步增多，设计人员对绿色建筑相关内容的了解逐渐深入，深圳市一部分设计企业也具备了把绿色建筑融入设计本身的能力，或在设计院内部成立专门的绿色建筑团队，可独立承担项目申报、模拟运算或参与设计等工作，如深圳机械院、清华苑、奥意、华森、深大等。合理地将设计与咨询工作结合，将绿色建筑的要求融入设计中，可以有效减少工作的反复，确保绿色建筑内容反映在设计图纸上，更好地从设计源头推动绿色建筑进程、保障绿色建筑内容落地。

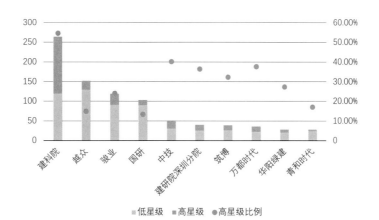

图 4-18　绿色建筑咨询企业获绿色建筑评价标识项目数量及高星级比例

　　对比咨询企业和设计企业的绿色建筑标识数量可以看出，虽然一部分设计单位也具备了绿色建筑咨询的能力，但大部分项目还是由专门的绿色建筑咨询企业在进行申报工作。但不同的咨询企业也存在着显著差异，如一些咨询企业虽然获得标识很多，但高星级项目比例较低。而一些咨询企业则保持着高星级项目较高的占比，除了协助甲方完成工程建设必要的绿色建筑等级要求之外，还建议开发建设单位向更高星级目标努力，体现了较高的绿色发展情怀，客观上推动了绿色建筑事业的发展。

4.3
绿色建筑创新奖

全国绿色建筑创新奖由住房城乡建设部归口管理，住房城乡建设部建筑节能与科技司负责创新奖的日常管理。创新奖设一等奖、二等奖、三等奖三个等级，从2011 年开始，每两年评选一次。创新奖的奖励对象为在住房城乡建设领域节约资源、保护环境，推进绿色建筑发展具有创新性和明显示范作用的工程项目，以及在绿色建筑技术研究开发和推广应用方面做出重要贡献的单位和个人。目前全国共评出绿色建筑创新奖项目 170 个，其中一等奖 33 个，二等奖 71 个，三等奖 66 个。深圳市共有 13 个项目获得全国绿色建筑创新奖（表 4-1），占全国 170 个项目的 7.6%，其中，一等奖 6 个，二等奖 4 个，三等奖 3 个。在 2017 年度的全国绿色建筑创新奖评选中，深圳市共有 5 个项目获奖，其中，3 个项目获得一等奖，占一等奖总数的三分之一。

表 4-1　深圳市全国绿色建筑创新奖获奖项目名单

	项目名称	产品名称	等级	年份
1	深圳市建科大楼	深圳市建筑科学研究院股份有限公司 深圳市科源建设集团有限公司	一等奖	2011
2	华侨城体育中心扩建工程	深圳华侨城房地产有限公司 清华大学建筑学院	一等奖	2011
3	深圳南海意库 3 号楼	深圳招商房地产有限公司	一等奖	2013
4	深圳南山区丽湖中学建设工程	深圳市建筑科学研究院股份有限公司	二等奖	2013
5	万科中心（万科总部）	深圳市万科房地产有限公司 深圳市建筑科学研究院股份有限公司 中建三局第一建设工程有限责任公司	二等奖	2013
6	深圳广田绿色产业基地园研发大楼	深圳市建筑科学研究院股份有限公司	三等奖	2015
7	南方科技大学绿色生态校园建设项目行政办公楼	南方科技大学建设办公室 深圳市建筑科学研究院股份有限公司	三等奖	2015
8	深圳市京基一百大厦	深圳市京基房地产股份有限公司 深圳市建筑科学研究院股份有限公司	三等奖	2015

续表

	项目名称	产品名称	等级	年份
9	深圳证券交易所营运中心	深圳证券交易所 广东省建筑科学研究院集团股份有限公司 深圳市建筑设计研究总院有限公司	一等奖	2017
10	深圳市嘉信蓝海华府（中英街壹号）	深圳市中银信置业有限公司 深圳市马特迪扬绿色科技发展有限公司 深圳市百悦千城物业管理有限公司	一等奖	2017
11	深圳壹海城北区1、2、5号地块（01栋、02栋A座、02栋B座、二区商业综合体）	深圳市万科房地产有限公司 深圳万都时代绿色建筑技术有限公司	一等奖	2017
12	深圳市天安云谷产业园一期（1栋，2栋）	深圳天安骏业投资发展有限公司	二等奖	2017
13	深圳万科第五园（七期）1—3、25—29栋	深圳市万科房地产有限公司 深圳市建筑科学研究院股份有限公司	二等奖	2017

4.4
国际标准标识情况

近年来，深圳在经济不断取得突破、科技日益创新的同时，加快产业升级，进一步转变经济发展方式，倡导绿色生活，实现低碳目标。质量高、结构优、消耗低已成深圳经济发展的新常态。伴随跨国公司及国内大型企业对办公环境的定位不断提高，更倾向入驻绿色节能、健康建筑。大型地产开发商为顺应市场需求，不断打造高端办公、商业项目，一方面，可以树立公司品牌效应，另一方面，也可提高相应的租金。越来越多的项目在按照国家和深圳地方标准打造绿色建筑的同时，也积极申报国际其他主流绿色建筑标准，使得绿色建筑在深圳呈现百花齐放的局面。

4.4.1 LEED 认证情况

截至目前，深圳市共有 110 个项目获得 LEED 认证，绝大部分以商业办公类型为主，多数项目为大型企业总部办公楼或外资企业办公室，其中 59 个项目获得金级认证，9 个项目获得铂金级认证（表 4-2、图 4-19）。

表 4-2　深圳市获得 LEED 认证项目清单

序号	项目名称	等级
1	MJL Innovation Building	Platinum
2	Shenzhen HP new office	Platinum
3	Shenzhen Kerry Plaza Tower 3	Platinum
4	Shenzhen Vanke Headquarter	Platinum
5	Shenzhen Das Intellitech Office Building	Platinum
6	Coolead Low Carbon Research Center	Platinum
7	Lemajor Premium Experience Centre	Platinum
8	Shenzhen Kerry Plaza Tower 1 & Tower 2	Platinum
9	Peking University HBSC Business School	Platinum
10	Baowan Building	Gold

续表

序号	项目名称	等级
11	The Platinum Towers	Gold
12	Shenzhen Energy Mansion	Gold
13	Century Center No.1 Office Building	Gold
14	Dolby Shenzhen New Office	Gold
15	ICC-Ruifu Building	Gold
16	PingAn Finance Centre South Tower	Gold
17	M Moser Shenzhen	Gold
18	Unicenter	Gold
19	Jones Lang LaSalle Shenzhen	Gold
20	Mission Hills Centreville Block 1	Gold
21	Coastal Business Center	Gold
22	CMA Shenzhen New Laboratory Project	Gold
23	ShenZhen DAS Smart Headquarters Office	Gold
24	CNOOC Building	Gold
25	Wongtee Center	Gold
26	Qianhaiyi Building Hotel	Gold
27	Baoan Centre Youth and Children Palace	Gold
28	IGA Office of Raffles City Shenzhen	Gold
29	SuperD Tower	Gold
30	CHINA CONSTRUCTION STEEL STRUCTURE BLDG	Gold
31	Tencent BinHai Building	Gold
32	China Resources City Office Tower456	Gold
33	HSBC Shenzhen Qianhai Project	Gold
34	M Moser PRD Shenzhen Office	Gold
35	UBS China Qianhai Fund Town	Gold
36	Shenzhen World	Gold
37	PingAn International Financial Centre	Gold
38	Galaxy Center	Gold
39	Shenzhen Kerry Plaza Phase II	Gold
40	Excellence Meilin Central Plaza North	Gold
41	Excellence CITY South	Gold
42	BaoNeng City Garden	Gold
43	OCT TOWER	Gold
44	Mission Hills Centreville Block 2a	Gold
45	China Resources City Office Tower1	Gold

续表

序号	项目名称	等级
46	China Resources City Office Tower2	Gold
47	Philips Development Centre China	Gold
48	Minmetals Financial Center	Gold
49	Hon Kwok City Commercial Center	Gold
50	Gucci Shenzhen MixCity	Gold
51	Baoan Center Library	Gold
52	China Mobile SZ Communication Building	Gold
53	Sunhope e Metro	Gold
54	Kingkey 100 Tower	Gold
55	Excellence Houhai Project	Gold
56	DuPont Apollo Hi-Tech Industrial Park	Gold
57	PwC Shenzhen	Gold
58	One Shenzhen Bay	Gold
59	Mission Hills Centreville Block 2b	Gold
60	Shenzhen Qianhai Free Trade Building	Gold
61	Qianhaiyi Building-Apartment	Gold
62	CATICCITY Office Building	Gold
63	Mall of Raffles City Shenzhen	Gold
64	Philips Development Centre China	Gold
65	ICC-China Resources Building	Gold
66	Gasufu Group headquarters office	Gold
67	Headquarter of Junye Building Tech.	Gold
68	Tencent BinHai Building	Gold

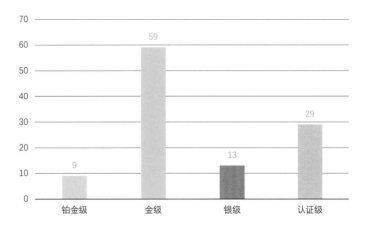

图 4-19　深圳市获得 LEED 认证项目等级分级情况

4.4.2 BREEAM 认证情况

截至目前，深圳市共有 11 个项目获得 BREEAM 认证，其中 8 个项目获得 Very Good 认证，暂无项目获得最高等级认证（表 4-3、图 4-20）。

表 4-3 深圳市获得 BREEAM 认证项目清单

序号	项目名称	等级
1	深业泰然玫瑰苑	Pass
2	深业泰然玫瑰轩（办公）	Pass
3	深圳中海天钻（鹿丹村改造）项目	Good
4	深圳平安金融中心	Very Good
5	深圳平安金融中心南塔	Very Good
6	家天下	Very Good
7	深圳祥瑞金茂府	Very Good
8	天安云谷二期 03—01 地块	Very Good
9	深圳众冠时代广场	Very Good
10	深圳国际会展中心	Very Good
11	中洲未来城	Very Good

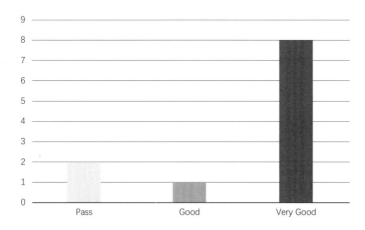

图 4-20 深圳市获得 BREEAM 认证项目等级分级情况

4.4.3　WELL 认证情况

WELL 标准作为较新颖的健康建筑标准，虽然推出时间较短，但是迅速在建筑领域掀起健康风尚。目前，深圳市共有 60 个项目进行了 WELL 注册，位居全球 WELL 注册项目面积第二位，其中，共有 5 个项目获得了认证，13 个项目获得了预认证（表 4-4、图 4-21）。

表 4-4　深圳市获得 WELL 认证项目清单

序号	项目名称	认证等级
1	乐美尚旗舰体验中心	铂金级
2	卓越前海壹号 4 栋	金级
3	卓越前海壹号 2 栋	金级
4	港湾创业大厦 3 楼	银级
5	深圳湾壹号—办公	金级
6	骏业建科总部办公室	预认证
7	莱福士公寓	预认证
8	海境界家园二期 A 座	预认证
9	海境界家园二期 B 座	预认证
10	海境界家园二期 C 座	预认证
11	深圳前海嘉里 T7 办公楼	预认证
12	深圳前海嘉里 T8 办公楼	预认证
13	中洲湾西塔	预认证
14	中洲湾东塔	预认证
15	上海浦发银行大厦	预认证
16	远洋新天地家园 3 栋	预认证
17	前海周大福金融中心	预认证
18	前海周大福金融中心商场	预认证

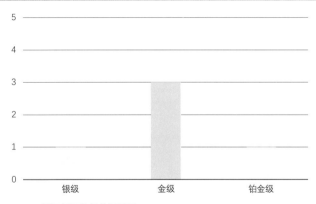

图 4-21　深圳市获得 BREEAM 认证项目等级分级情况

4.5

绿色片区发展

经过多年来的发展，深圳市绿色建筑正在形成由点到面、由单体向片区发展的趋势，绿色生态园区和城区建设继续深化。住房城乡建设部把推进绿色城市建设、建立绿色城市建设的政策和技术支撑体系作为 2019 年十大重点任务之一，深圳市也将坚定不移地把绿色城市建设作为下一步绿色发展的重点方向，提升城市建设水平。

4.5.1　光明区"国家绿色生态示范城区"

光明区以绿色建筑为核心，高标准超额完成了住房城乡建设部 2012 年首批国家绿色生态示范城区试点工作任务。光明区建立了完善的绿色生态指标体系、政策体系、规划体系、标准体系和技术体系，形成了我国城乡建设领域可复制、可推广的绿色发展路线。以示范项目为抓手，充分发挥绿色生态建设效益。光明区同步推进了海绵城区、综合管廊、碳汇型景观、装配式建筑、绿色交通、绿色设计等可示范推广的绿色低碳集成技术，生态发展成效显著。设立了绿色生态城区专项资金并出台了专项资金管理办法，充分调动市场参与光明区绿色生态建设的积极性，同时，所有支出项目均严格审计，保证专款专用。2018 年 4 月，光明区以优秀等级顺利通过试点验收，成为全国第一个通过国家绿色生态示范城区验收的试点区域。光明新区绿色建筑示范区建设专项规划如图 4-22 所示。

4.5.2　国家生态文明建设示范区

截至 2019 年底，深圳市获授"国家生态文明建设示范区"称号的区域包括盐田区、罗湖区、坪山区、大鹏新区及福田区。2017 年 11 月，盐田区荣获首批"国家生态文明建设示范区"称号。2018 年 12 月 15 日，罗湖区、坪山区及大鹏新区荣获第二批"国家生态文明建设示范区"称号。2019 年 11 月 16 日，福田区荣获

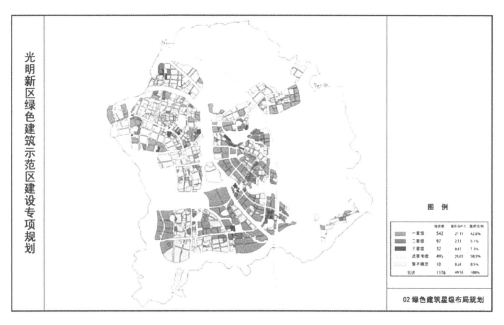

图 4-22　光明新区绿色建筑示范区建设专项规划图

第三批"国家生态文明建设示范区"称号，成为全国主要中心城区中唯一荣膺该荣誉称号的城区。

4.5.3　重点区域发展

为加快推进深圳市现代化国际化创新型城市建设和特区一体化建设，实现有质量的稳定增长、可持续的全面发展，加快形成深圳市经济社会发展新增长极，市委市政府决定在全市选择包括深圳湾超级总部基地、国际低碳城、深圳北站商务中心区在内的 17 个片区作为重点区域予以开发建设。为确保重点发展片区实现高质量绿色发展，深圳市重点区域开发建设总指挥部办公室发布《深圳市重点区域开发建设导则》及《深圳市重点区域开发建设行动指引》，要求重点区域分别开展不少于 3 万平方米超低能耗建筑示范，并要求区域内按照绿色建筑国家二星级或者深圳市银级及以上标准建设的绿色建筑面积比例达到 80% 以上。深圳市住房和建设局也围绕重点区域开展绿色城区建设相关课题研究，组织编制《深圳市重点区域建设工程设计导则》，作为重点区域建设工程设计的准则。深圳市城市建设与土地利用"十三五"规划如图 4-23 和表 4-5 所示。

图 4-23 深圳市城市建设与土地利用"十三五"规划

表 4-5 深圳市城市建设与土地利用"十三五"规划详情

序号	项目名称	规划面积（平方公里）
1	深圳湾超级总部基地	1.17
2	留仙洞战略性新兴产业总部基地	1.35
3	平湖金融与现代服务业基地	2.24
4	国际低碳城	53.42
5	坂雪岗科技城	22.18
6	深圳国际生物谷坝光核心启动区	31.9
7	大空港新城	45.5
8	深圳北站商务中心区	6.1
9	光明凤凰城	14.8
10	坪山中心区	4.82
11	宝安中心区	15.4
12	大运新城	15.84
13	笋岗—清水河片区	5.42
14	福田保税区	3
15	高新区北区	2.51
16	梅林—彩田片区	1.47
17	盐田河临港产业带	8

深圳湾超级总部基地（图 4-24）

    作为深圳市城市建设的"巅峰之作"和创建强国城市范例的重要载体，深圳湾超级总部基地开发建设已全面启动。2018 年，深圳市成立深圳湾超级总部基地开发建设指挥部，下设办公室设在深圳市住房和建设局，承担指挥部的日常工作，直接牵头深圳湾超级总部基地的开发建设管理工作，把总部基地打造成为重点区域绿色发展的标杆。创新深圳湾超级总部基地建设体制机制，实现规划设计、开发建设、运营管理"三统筹"。在全市重点区域建设中率先探索总设计师负责制，通过招标确定由孟建民院士团队提供全过程技术服务。坚持"世界眼光、国际标准、中国特色、高点定位"，以最高水准开展片区城市设计优化与综合交通规划提升等国际咨询。2018 年，成功举办深圳湾超级总部基地片区城市设计优化国际咨询竞赛，组织开展深圳湾超级总部总片区综合交通提升规划。

图 4-24　深圳湾超级总部基地效果图

前海深港现代服务业合作区（图 4-25）

2014 年，深圳市编制实施了《前海深港现代服务业合作区绿色建筑专项规划》，探索高强度开发下的可持续城市发展模式，努力打造具有国际水准的"高星级绿色建筑规模化示范区"。目前，前海深港现代服务业合作区要求新建建筑 100% 达到国家绿色建筑星级评价标准，其中二星级 50% 以上，三星级 30% 以上，是国内高星级绿色建筑比例最高的城区。

深圳北站商务中心区（图 4-26）

深圳北站商务中心区的绿色建筑发展定位为龙华区高星级绿色建筑规模化发展示范区、深圳市 TOD 区域高密度绿色 CBD 示范区，以"高起点规划、高标准建设、高端化运营"的发展要求引领龙华区绿色建筑规模化品质化建设。深圳北站商务中心区绿色建筑的规模化建设将带来显著的节能减排效益、经济和社会效益。所有项目建成后，每年建筑总能耗为标准煤 8.92 万吨，建筑节能折合标准煤 2 万吨，减少二氧化碳排放 5.34 万吨，减少二氧化硫排放 400 吨，减少粉尘排放 200 吨。

图 4-25　前海深港现代服务业合作区绿色建筑规划图　　　　图 4-26　深圳北站商务中心区绿色建筑规划图

国际低碳城（图 4-27）

国际低碳城位于深圳市龙岗区坪地街道，被列为中欧可持续城镇化合作旗舰项目，其可持续发展规划建设成果获得了保尔森基金会"2014 可持续发展规划项目奖"等国际赞誉。国际低碳城拥有 5 项 100%：建成后将实现新建建筑 100% 绿色化、公共交通 100% 清洁化、污水利用 100% 可再生化、废物处理 100% 可回收化、能源使用 100% 低碳化。从 2013 年起，每年召开深圳国际低碳城论坛，已成为国际上传播绿色低碳发展理念、展示高质量可持续发展成效的重要窗口以及各方探讨前沿话题、分享智慧成果、开展务实合作的重要平台。

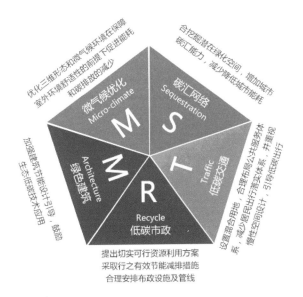

图 4-27　国际低碳城建设分析概念图

4.6

绿色物业

深圳物业管理以其独有的区位优势和扎实的发展基础，秉持"开拓创新，锐意进取"的特区精神，在行业的转型升级中，高举"绿色物业管理"的时代旗帜，与"建设环境友好型和资源节约型社会"紧密结合，积极探索和实践，获得了良好的成绩，积累了宝贵的经验。尤其是深圳市住房和建设局颁布的《深圳市绿色物业管理导则（试行）》《深圳市绿色物业管理项目评价办法（试行）》《深圳市绿色物业管理项目评价标准》等管理政策和技术规范皆为全国的创新之举。

4.6.1 工作基础

随着绿色物业管理实践的深入，市政府与深圳市住房和建设局相继制定并出台了一系列支持和规范绿色物业管理的相关政策法规和技术规范，协调政府各职能部门大力支持绿色物业管理工作，激励物业服务企业积极创建星级绿色物业管理项目，引导广大市民自觉参与绿色物业管理活动。

2011 年 6 月，深圳市住房和建设局颁布了《深圳市绿色物业管理导则（试行）》。《导则》首先对"绿色物业管理"给出了定义，并对物业服务企业如何贯彻绿色理念，从管理、技术、行为引导三个方面提出具体指引，从节能、节水、绿化、垃圾处理和污染防治五个方面提出具体技术措施。

2012 年 7 月，深圳市房屋和物业管理委员会颁布了《深圳市物业管理行业发展规划（2011—2015）》，将"绿色物业管理战略"写入该规划文本，目的是从战略的高度引导物业服务企业的经营管理模式向绿色物业管理发展模式转变，提高物业管理对可再生能源、资源的循环利用率，增强广大市民环保意识，推动宜居城市、低碳城市的建设。

2013 年 4 月 1 日，深圳市住房和建设局以《深圳市绿色物业管理导则（试行）》《物业服务通用规范》为基础，印发了《深圳市绿色物业管理项目评价办法（试行）》和《深圳市绿色物业管理项目评价细则（试行）》，目的是建立绿色物业管理标准化体系和评价体系，鼓励和推进深圳市绿色物业管理的健康发展。

　　2018 年 12 月，为了更好地指导深圳市房屋建筑项目进行绿色物业管理，在总结以往《深圳市绿色物业管理项目评价办法（试行）》和《深圳市绿色物业管理项目评价细则（试行）》的基础上，根据绿色物业管理工作发展的新形势、新要求，与绿色建筑全生命周期更好地衔接，深圳市住房和建设局组织编制并发布了《绿色物业管理项目评价标准》（SJG 50—2018）。该标准是全国首部以"绿色物业"命名的评价标准，填补了深圳市在建筑运营阶段绿色管理方面缺乏有效评价方法的空白。目前，深圳市住房和建设局正在积极地开展物业管理标准化的工作，将绿色物业管理的理念和要求引入物业管理标准体系设计和标准化文件编制当中，并将绿色物业管理技术指标作为物业管理标准化考核的一项重要内容。

4.6.2　绿色物业管理评价工作

　　深圳市从 2013 年开始针对绿色物业管理试点项目星级标识评价认定工作。截至 2019 年底，全市共有 51 个项目获得绿色物业管理项目标识，其中，三星级项目 11 个，二星级项目 15 个，一星级项目 25 个（图 4-28）。2019 年全市新增 11 个绿色物业管理项目，其中，三星级项目 5 个，二星级项目 6 个，均是采用了《绿色物业管理项目评价标准》（SJG 50—2018）进行评价的高星级绿色物业管理项目标识。按照物业标识类型划分，截至 2019 年底，全市住宅物业 25 个，商业、办公物业 21 个，园区物业 5 个（图 4-29），其中 2019 年全市新增住宅物业 6 个，商业、办公物业 4 个，园区物业 1 个，住宅物业项目个数占全年标识总数的比例达到 55%。随着绿色物业管理工作的不断推进，绿色物业获得业主和社会的不断认可。获得绿色物业管理三星级标识的项目如表 4-6 所列。

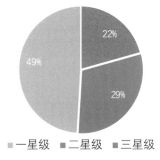

图 4-28　绿色物业标识分析（按标识等级）

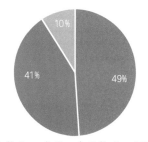

图 4-29　绿色物业标识分析（按物业类型）

表 4-6　获得绿色物业管理三星级标识的项目名录

项目类型	项目名称	物业公司	等级评定
园区物业	天安云谷产业园一期	深圳天安云谷物业服务有限公司	★★★
	百旺信高科技工业园	深圳市常安物业管理有限公司	★★★
	清华信息港	深圳市常安物业服务有限公司	★★★
商业、办公物业	建科大楼	深圳市投控物业管理有限公司	★★★
	万科金色家园	深圳市万科物业服务有限公司	★★★
	迈瑞总部大厦	深圳市常安物业服务有限公司	★★★
	国人大厦	深圳市保利物业管理集团有限公司	★★★
住宅物业	观湖园	家利物业管理（深圳）有限公司	★★★
	高新北生活区	深圳市东部物业管理有限公司	★★★
	崇文花园	深圳市常安物业服务有限公司	★★★
	颐安都会中央花园	深圳市颐安物业服务有限公司颐安都会中央花园物业服务中心	★★★

第 5 章
既有建筑用能管理

　　2007 年 10 月 23 日，住房城乡建设部、财政部发布了《关于加强国家机关办公建筑和大型公共建筑节能管理工作的实施意见》（建科〔2007〕245 号：建立全国联网的国家机关办公建筑和大型公共建筑能耗监测平台。2008 年，深圳被列为全国首批三个国家机关办公建筑和大型公共建筑节能监测示范城市之一，建成了全国首个建筑能耗监测平台，完成了深圳市建筑能耗监测数据中心建设，实现了 574 栋建筑实时在线能耗监测，发布了《深圳市公共建筑能耗标准》（SJG 34—2017）等一系列标准规范文件。2011 年，深圳市获批成为全国首批公共建筑节能改造重点城市，于 2017 年 1 月通过住房城乡建设部验收并获得高度评价，完成了 167 个项目节能改造，涉及建筑面积 821 万平方米。在顺利完成公共建筑节能改造的工作基础上，深圳市于 2017 年成为首批住房城乡建设部、银监会国家公共建筑能效提升重点城市建设。

5.1
既有建筑节能改造

5.1.1　公共建筑节能改造重点城市建设

2011 年，深圳市获批成为全国首批公共建筑节能改造重点城市，深圳市住房和建设局根据财政部、住房城乡建设部有关要求，落实推进公共建筑节能改造重点城市建设任务，于 2012 年发布了《深圳市公共建筑节能改造重点城市建设工作方案》（深建节能〔2012〕107 号），在全市全面启动了公共建筑节能改造工作。圆满完成国家公共建筑节能改造重点城市示范建设，建筑节能改造面积 821 万平方米，示范市建设于 2017 年 1 月通过住房城乡建设部组织的验收并获得高度评价。同期，住房城乡建设部在深圳召开了公共建筑节能改造经验交流会，20 余个城市参加了项目观摩和经验交流。

深圳市住房和建设局从以下几方面着手开展示范市建设：一是建立协调机制。市政府通过绿色建筑与建筑节能联席会议，确立了市住房和建设局牵头组织，各区政府、市财政委、市机关事务管理局、市文化广电旅游体育局等相关行业主管部门协同推进的工作机制，共同推动节能改造工作；协调解决公共建筑节能改造实施过程中的困难和问题，为节能工作的推进和后续发展奠定坚实的组织基础。二是注重政策引领。建章立制，坚持政策先行，先后出台了《深圳市公共建筑节能改造重点城市建设工作方案》《实施〈深圳市公共建筑节能改造重点城市建设工作方案〉指引》《深圳市公共建筑节能改造重点城市建设专项经费管理工作规程》等系列文件，用于指导和规范节能改造工作，有力保证了改造工作的顺利推进。三是创新考核机制。在公共建筑节能改造重点城市申报阶段，深圳市创新提出以"折算面积"作为考核公共建筑节能改造工作指标，促使更多的公共建筑业主和物业管理公司结合自身用能特点，充分挖掘节能潜力，实施综合技术改造或者单项技术改造。四是加大激励力度。全面落实市级财政 1.5∶1 配套中央财政、共同形成补助资金的激励政策，并根据改造效果不同实施差异化的激励措施。对单位建筑面积能耗下降 20%（含）

以上的项目，按 42 元 / 平方米进行补助，对单位建筑面积能耗下降 10%（含）至 20% 的项目，按折算后面积进行补助。五是加强能力建设，完善公共建筑节能改造技术支撑体系。制定发布了《公共建筑节能改造设计与实施方案范本》《公共建筑节能改造设计与实施方案审查要点》《公共建筑节能改造项目合同能源管理合同范本》《深圳市公共建筑节能改造能效测评技术导则（试行）》等技术标准文件，贯穿项目申报、落实及后期评估所有环节；同时开展课题研究，形成"能源托管型合同能源管理模式推广路径的研究"及"建筑节能改造能效测评方法的优化研究"等成果，探索公共建筑节能改造常态化的道路。六是加强信息化建设。组织开发"深圳市公共建筑节能改造重点城市建设项目管理系统"，通过系统完成项目申报、方案审查、能效测评、项目验收和专项经费补助申请等各项工作，提升工作质量和效率。

借助公共建筑节能改造示范市的建设，同步实现了深圳市公共建筑节能改造工作的配套机制和能力建设，不仅迅速推动了全市公共建筑节能改造工作的快速发展，也为今后把该项工作转变为常规工作继续有效开展提供了保障，同时丰富和完善了市场化机制。在示范市建设完成后，深圳市公共建筑节能改造工作继续推进。截至 2019 年底，共完成既有建筑节能改造项目 408 个，改造面积 1 589.35 万平方米，折算节能量 13.57 万吨标煤，节电量 3.36 亿度，减排二氧化碳 32.79 万吨。

5.1.2　公共建筑能效提升重点城市示范

根据住房城乡建设部、银监会《关于深化公共建筑能效提升重点城市建设有关工作的通知》（建办科函〔2017〕409 号）的要求，深圳市全面梳理了既有公共建筑现状及工作基础，确立下一步发展目标，组织编制了《深圳市公共建筑能效提升重点城市建设方案》，计划到 2020 年，全市完成公共建筑节能改造面积不少于 270 万平方米，平均节能率 15% 以上，通过合同能源管理模式实施节能改造的项目比例超过 70%。在节能政策出台、管理体系建设、标准体系完善、市场机制建立和节能服务产业发展等方面取得重大进展。该方案已通过住房城乡建设部评审并评定为"优秀"方案。

为顺利完成公共建筑能效提升重点城市建设任务，促进深圳市公共建筑节能工作，经市政府会议审议研究后，深圳市住房和建设局于 2018 年 10 月印发了《深圳市公共建筑能效提升重点城市建设工作方案》，要求各相关单位按规定任务开展相关工作（表 5-1）。

表 5-1　公共建筑能效提升重点城市建设改造任务分解

责任单位	工作职责与要求
市机关事务管理局	负责统筹组织市卫生健康委、市教育局、市文化广电旅游体育局完成市属医院、科研教育建筑、市内各文化场馆、市直各单位等公共机构,完成不少于 120 万平方米建筑面积的节能改造
市国资委	组织实施国有资产公共建筑不少于 35 万平方米建筑面积的节能改造
福田区政府	组织实施辖区内区属单位建筑和社会公共建筑节能改造不少于 25 万平方米
罗湖区政府	组织实施辖区内区属单位建筑和社会公共建筑节能改造不少于 22 万平方米
南山区政府	组织实施辖区内区属单位建筑和社会公共建筑节能改造不少于 22 万平方米
宝安区政府	组织实施辖区内区属单位建筑和社会公共建筑节能改造不少于 19 万平方米
龙岗区政府	组织实施辖区内区属单位建筑和社会公共建筑节能改造不少于 11 万平方米
龙华区政府	组织实施辖区内区属单位建筑和社会公共建筑节能改造不少于 6 万平方米
盐田区政府	组织实施辖区内区属单位建筑和社会公共建筑节能改造不少于 3 万平方米
光明区政府	组织实施辖区内区属单位建筑和社会公共建筑节能改造不少于 1 万平方米
坪山区政府	组织实施辖区内区属单位建筑和社会公共建筑节能改造不少于 3 万平方米
大鹏新区管委会	组织实施辖区内区属单位建筑和社会公共建筑节能改造不少于 3 万平方米
市建设科技促进中心	负责公共建筑能效提升重点城市建设具体管理工作,受理申报并跟踪管理公共建筑节能改造项目,监督全市公共建筑节能改造项目的改造过程;对申报项目进行改造方案审查,核实项目验收资料,组织节能量核定,核实节能改造面积、成果;在市住房和建设局指导下,组织完善既有公共建筑绿色化改造技术体系工作,以及其他配套能力建设、公共建筑节能宣传、举办培训讲座

注：项目改造后节能率应达 15%；未达 15% 的,计算完成任务的面积量时按比例进行折减。

　　按工作方案要求,目前已发布了《深圳市 2019—2020 年度公共建筑能效提升重点城市项目管理工作指引》,规范项目建设程序,加强项目质量监管。组织制定既有建筑绿色改造评价标准、既有公共建筑绿色改造技术规程,发布《深圳市公共建筑节能改造设计与实施方案审查细则》及《深圳市公共建筑节能改造节能量核定导则》,加强节能改造方案审查力度,指导合同双方对节能效益确定方式、节能量核定方式、第三方机构开展实际节能效果评估方式进行约定。希望通过延续并优化现有财政政策,同时在节能政策出台、管理体系建设、标准体系完善、市场机制建立和节能服务产业发展等方面寻求进步,积极引导、推动既有建筑实施节能改造。鼓励采用合同能源管理模式实施改造项目,直接对投资改造的节能服务企业给予资金补助,调动改造企业积极性,通过政府和市场双轮驱动顺利完成公共建筑能效提升重点城市建设任务。

5.2

能耗监测

5.2.1　总体情况

2008 年，深圳被住房城乡建设部和财政部列为全国首批三个国家机关办公建筑和大型公共建筑节能监测示范城市之一。在住房城乡建设部的全力支持下，深圳市创造性地解决了节能监管体系建设关键环节的技术难题，建成了全国首个建筑能耗监测平台，完成了深圳市建筑能耗监测数据中心建设，目前建筑能耗监测平台监测建筑数量已达 574 栋，涉及公共建筑总建筑面积超过 2 360 万平方米，监测建筑的在线率常年保持在 97% 以上，监测数据的准确率得到明显提升，为全市制定公共建筑能耗相关政策提供了有效的数据支撑。基于能耗监测数据，深圳市发布了《深圳市公共建筑能耗标准》（SJG 34—2017）、《公共建筑能耗管理系统技术规程》（SJG 51—2018）等一系列标准规范文件，进一步约束公共建筑能耗水平、规范能耗管理系统管理要求。

5.2.2　能力建设

为确保建筑能耗监测平台中监测建筑在线率的稳定性和数据的准确性，深圳市住房和建设局不断完善和加强能力建设。经过一系列管理方式上的改进，建筑能耗监测平台运维过程中存在的问题逐步得到改善，数据质量稳步提升。

一是开展全面排查。由于前期缺乏运营维护的标准和资金，导致系统建成后的一段时间内数据质量和在线率一直处于一个下滑的状况，建筑能耗监测平台并未起到应有的作用。为此，深圳市住房和建设局组织设计单位、施工单位以及运维单位对 500 栋建筑进行详细调查，根据现场问题的实际原因，划分责任人，要求各单位对问题建筑进行整改，取得了良好效果。在 2019 年底，深圳市建筑能耗监测平台监测建筑的平均在线率已达到 97%，并保持在一个相对稳定的状态。

二是制定巡查机制。每月中旬组织设备运维单位和数据中心运维单位开展现场检查工作，检查内容包括现场维护记录、采集器运行情况、电表运行情况、冷量表运行情况等信息。同时就检查发现的问题要求运维单位限期完成整改，并作为年度考核意见的依据之一。

三是建立能耗监测建筑档案信息库。为提高大型公共建筑能耗监测系统运维成效，深圳市建设科技促进中心建立了大型公共建筑能耗监测信息档案表，组织设备运维单位对监测范围内的建筑逐一建立档案。档案内容包括建筑基本信息、设备安装详情、设备信息变更记录等信息，以确保在运维工作中发现问题或解决问题时有理可依、有迹可循。

四是迭代校核机制。在建筑在线率稳定之后，深圳市住房和建设局对大数校核方案进行了完善，制定出更为科学、合理的校核方案。通过新版大数校核方案，全方位了解建筑用能情况，包括建筑基本信息、历史运行情况及未来动向等，并采用精确仪器对能耗监测设备进行精准校核，极大程度上保证了能耗数据的准确性和可靠性。

5.2.3　数据应用

深圳市住房和建设局于 2017 年、2018 年、2019 年三年连续面向社会发布了《2016 深圳市大型公共建筑能耗监测情况报告》《2017 深圳市大型公共建筑能耗监测情况报告》和《2018 深圳市大型公共建筑能耗监测情况报告》。该报告的发布，一方面为各区政府节能主管部门了解辖区内及其他行政区域公共建筑能耗现状，开展公共建筑用能监管提供参考依据；另一方面，供建筑业主、社会节能服务公司等进行横向比较对标，了解自身建筑能耗水平，以便有针对性开展节能改造工作，尤其是推动超过能耗标约束值的国家机关办公建筑和大型公共建筑所有权人或物业管理单位采取规范用能行为、优化系统运行、安设调节装置、完善运行管理制度等措施，以切实降低建筑运行能耗。

接入建筑能耗监测平台的公共建筑类型涵盖了党政机关办公建筑、非党政机关办公建筑、商场建筑、宾馆酒店建筑、文化教育建筑、医疗卫生建筑、综合建筑以及其他建筑等。福田区、南山区、罗湖区和龙岗区接入平台的公共建筑栋数较多，基本涵盖了各类公共建筑。坪山区、大鹏新区和光明区等接入平台的公共建筑栋数较少，暂未实现公共建筑类型全面覆盖。根据 2018 年能耗监测结果表明，深圳市全市平均用电指标为 104.1kWh/m^2，其中商场建筑单位面积用电指标最高，为

188.3kWh/m^2，党政机关办公建筑单位面积用电指标最低，为 79.5kWh/m^2。具体如图 5-1 和图 5-2 所示。

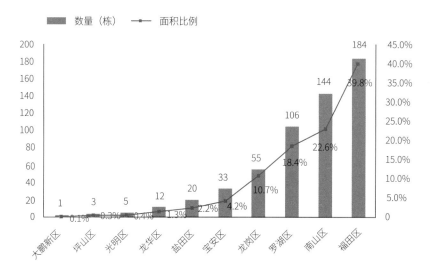

图 5-1 各区接入市级建筑能耗监测平台公共建筑数量与面积比例

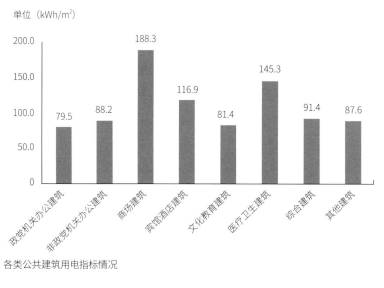

图 5-2 各类公共建筑用电指标情况

5.3
能耗统计

国务院于 2008 年 10 月 1 日颁布了《民用建筑节能条例》与《公共机构节能条例》。根据《关于加强国家机关办公建筑和大型公共建筑节能管理工作的实施意见》（建科〔2007〕245 号）及相关技术标准规范，深圳作为住房城乡建设部推行民用建筑能耗统计和节能信息报表制度的首批 23 个城市之一，从 2007 年开始有效推行民用建筑能耗和节能信息统计报表制度。随着建筑节能工作的普及和深入，为加强能源的管理和决策，住房城乡建设部于 2018 年 3 月发布《民用建筑能源资源消耗统计报表制度》（建科函〔2018〕36 号，以下简称《报表制度》）确定在北京、天津、深圳、上海等 23 个城市试行民用建筑能耗统计调查工作。

根据住房城乡建设部《报表制度》要求，深圳市每年在全市范围内开展不少于 500 栋公共建筑、1.8 万栋居住建筑的能耗统计工作，并对统计获得的能耗数据进行了较为全面的分析与总结，编制形成年度民用建筑能耗统计报告。

"十三五"期间，深圳市完成能源资源消耗统计建筑数量分别为 17 255 栋（公共建筑 385 栋、居住建筑 16 870 栋）、22 339 栋（公共建筑 547 栋、居住建筑 21 792 栋）、19 193 栋（公共建筑 629 栋、居住建筑 18 564 栋）、19 844 栋（公共建筑 1 105 栋、居住建筑 18 739 栋）。另持续完善建筑能源资源消耗统计制度，扩大统计范围，梳理用能账户获取数据与用能建筑边界的关系，统计建筑数量翻倍同时把控统计结果质量。

根据能耗统计结果，组织编制年度《民用建筑能耗统计数据分析报告》，通过数据对比、整理和分析，深入了解深圳市民用建筑能耗结构分布和用能模式，发现能耗水平差异大源于建筑年代、建筑类型、建筑功能、建筑执行节能标准和经济发展速度相关，进一步充实全市民用建筑能耗基础数据库，为完善民用建筑节能管理政策法规、标准，规范建筑节能市场，挖掘建筑节能潜力提供了有力的数据支持。

5.4
能源审计及公示

  根据《深圳市绿色建筑促进办法》要求,市主管部门应当建立建筑能源审计制度。市住房和建设局与市发改部门联合发文要求,基于当年度能耗统计工作,筛选出各类型建筑中单位面积能耗较高的建筑开展能源审计,并出具能源审计报告。截至 2019 年底,市住房和建设局累计开展 822 栋次公共建筑能源审计,并拟于 2020 年再次开展约 100 栋公共建筑能源审计。

  为鼓励公共建筑降低能耗,提高建筑使用管理单位的能效管理意识,积极参与节能工作,挖掘建筑节能潜力,提升整体用能水平,树立公共建筑能效标杆,深圳市将低于《深圳市公共建筑能耗标准》(SJG 34—2017)中对应建筑类型引导值的建筑及个别在同类型中耗能较低的建筑单位面积电耗情况予以公示,先后对近 350 栋公共建筑进行了能效公示。2018 年、2019 年深圳市住房和建设局发布了《关于我市部分国家机关办公建筑和大型公共建筑能耗情况的公示》。为提高深圳市建筑能源利用效率,建立和实施建筑能效公示制度,规范能效公示行为,深圳市住房和建设局还编制了《深圳市建筑能效公示管理办法》,明确了能效公示具体内容及流程。

第 6 章
行业发展

　　深圳市绿色建筑与建筑节能事业起步十余年来，发展势头迅猛，为深圳市节能减排事业做出巨大贡献，建设领域对节能减排贡献率超过 30%，已成为"深圳质量"的重要支撑。一方面，深圳绿色节能产业的发展培育出一大批国际国内知名的企业；另一方面，这些企业以深圳为大本营，积极参与和引领粤港澳大湾区及"一带一路"建设，成为"深圳质量"的名片。

6.1
行业培育

　　深圳是国内推进绿色建筑与建筑节能工作的"排头兵"和先锋城市。一方面，率先探索建立建筑节能减排制度体系，在全国最早出台建筑节能条例、建筑废弃物减排与利用条例等地方性法规，又率先以政府立法的形式要求新建建筑全面推行绿色建筑标准，为全市实现绿色建筑与建筑节能的全面发展提供有力的法制保障。另一方面，不断丰富和完善各类激励政策：一是设立深圳市建筑节能发展专项资金，每年安排至少 4 000 万元的资金，专项用于支持绿色建筑、建筑节能、建筑废弃物减排与利用等建设领域节能减排项目或活动；二是在国家各类绿色节能示范试点城市建设中，国家财政部和深圳地方财政配套给予专项资金补贴支持，用于支持公共建筑节能改造和能耗监测平台建设，并逐步探索建立基于市场机制的节能改造模式；三是通过鼓励采用合同能源管理模式实施改造项目，直接对投资改造的节能服务企业给予资金补助，绿色建筑技术和绿色建材纳入政府优先采购扶持范围等其他政策，大大调动了改造企业的积极性。

　　深圳市通过"政策强制 + 激励机制"的双轮驱动，极大地推动了绿色建筑与建筑节能事业的发展。为了培育和呵护行业的发展，深圳市在全国率先成立本地绿色建筑管理机构和行业协会，为深圳绿色建筑行业的蓬勃发展提供了富饶的土壤，并逐渐发展成为引领粤港澳大湾区绿色建筑发展的引擎。目前，深圳市已有深圳市建设科技促进中心、深圳市绿色建筑协会、深圳市房地产业协会绿色专业委员会、深圳市土木建筑学会绿色建筑专业委员会、深圳市土木建筑学会建筑运营专业委员会等多个行业管理组织或社会组织围绕绿色建筑发展开展相关工作。

　　在"政策强制 + 激励机制"的刺激下，深圳市培育了绿色建筑咨询、节能改造、可再生能源建筑应用、建筑工业化、绿色建材等新型产业，涌现出中建科工、中建科技、华阳国际、达实智能等一大批国内建设科技创新企业和绿色节能服务领军企业，以及万科地产、招商蛇口等为代表的一批国内领先、国际知名的绿色房地产开发企业。培育出国内首家上市的绿色建筑领军企业——深圳建科院，孵化出"骏绿网"等绿色建筑行业媒体，打造《新营造》等专业期刊。率先在国内全面推行合同能源管理（EMC），培育了大批本土节能服务企业，影响力辐射全国，更有155家企业获得国家发改委节能服务备案资格，产业链规模扩大到数千亿元；培育了200多家自主创新型企业，涉及产品开发、生产、销售、设计和建造领域，新产业促进科技研发企业拥有专利申请知识产权500余项。目前，深圳市已形成了规模超千亿元的绿色建筑产业集群，不仅在国内形成较大影响力，而且成为中国绿色建筑产业的代表走向全球，为铸造深圳品牌、深圳质量奠定坚实基础。本地企业"走出去"成效显著，业务扩展至粤港澳大湾区、全国乃至海外，积极参与"一带一路"建设，分享深圳市在绿色建筑与建筑节能领域取得的成就。

6.2
行业组织

深圳市建设科技促进中心

深圳市建设科技促进中心于 2008 年成立，受深圳市住房和建设局委托承担绿色建筑评价标识管理工作，作为深圳市最早的绿色建筑评价标识管理机构，组织开展并指导其他评价机构开展全市范围内绿色建筑评价标识工作。深圳市建设科技促进中心参与了深圳市绿色建筑与建筑节能发展从无到有的过程，协助主管部门制定出台了一系列相关法律法规和政策，在起步时期承担深圳市建筑节能审查和专项验收以及绿色建筑评价标识工作，承接公共建筑节能改造、大型公共建筑节能监管体系和可再生能源示范市的建设工作，奠定了绿色建筑与建筑节能的工作基础。同时，围绕绿色建筑与建筑节能工作开展了大量课题研究及其他相关工作，主编或参编多部绿色建筑与建筑节能地方标准，组织行业专家对行业进行宣贯培训。此外，深圳市建设科技促进中心协助深圳市住房和建设局接待了来自住房城乡建设部和其他兄弟省市和地区的交流考察，介绍分享深圳经验，并与英国建筑研究院（BRE）、WELL 建筑研究院（IWBI）等国际知名绿色建筑研究机构建立了长期友好合作关系。

深圳市绿色建筑协会

深圳市绿色建筑协会（SGBA）是由深圳市从事绿色建筑行业相关的企业（其他经济组织、个体工商户）自愿组成的地方性、行业性、非营利性社会组织，经深圳市民政局批准于 2008 年 12 月成立，是全国首家绿色建筑领域的市一级行业协会，业务指导单位为深圳市住房和建设局，现任会长单位为中建科工。2009 年以来，深圳市绿色建筑协会多次获得中国城市科学研究会绿色建筑与节能专业委员会颁发的"先进单位"称号；2014 年，协会开始承接全国第一个绿色建筑专业职称评审工作；2017 年，协会开始承接深圳市绿色建筑评价标识工作。协会目前下设有深圳市绿色建筑协会立体绿化专业委员会以及绿色开发学组、绿色规划与设计学组、绿色产品运营学组、绿色施工学组、可再生能源建筑应用专业学组五个专业学组。2018 年，继续开展绿色建筑评价标识、绿色建筑工程师职称评审、课题研究、宣传推广等工作，积极组织承办 2018 年召开的"两岸四地"绿色建筑技术发展论坛，与东莞市绿色建筑协会联合展开了参观考察、绿色健身等活动，并与大连、温州等地的行业协会签订了合作协议，建立了互访机制，促进城市间的工作交流。此外，深圳市绿色建筑协会还成为佛山市绿色建筑第三方评价机构，这标志着深圳市绿色建筑评价服务工作全面向大湾区辐射和拓展。

深圳市房地产业协会绿色专业委员会

深圳市房地产业协会绿色专业委员会，是深圳市房地产业协会下设机构，于 2015 年 5 月成立。该委员会旨在指导各房地产开发企业投资、推广和践行低碳生态城市、绿色社区、绿色建筑等绿色地产方面的工作，为房地产开发企业提供一个与国内外同行、研究机构开展学习、研究、讨论和交流的国际平台。组织房地产开发企业学习绿色地产行业开发的最新知识，研究讨论绿色地产开发在实践中发现的新问题，交流实践中总结出的新经验，以促进和提高深圳市绿色地产开发运营的技术水平和理论研究能力，谋求从传统地产向绿色地产的转型。在房地产开发行业积极推动和宣传绿色发展，先后组织会员单位开展"会长吧——平安金融中心绿色建筑专题观摩交流""全国绿色建筑创新奖一等奖项目观摩活动"等一系列绿色建筑观摩学习和交流活动，在业内起到了良好的宣传推广作用，不断强化房地产开发企业对绿色低碳可持续发展的使命感和社会责任感。

深圳市土木建筑学会绿色建筑专业委员会

深圳市土木建筑学会绿色建筑专业委员会是由深圳市科学、环保、节能等绿色建筑事业发展的企业、研究院、设计院及专家、学者所组成的专业性、地方性、非营利性的社会组织。致力于推动深圳市建筑行业的生态发展，贯彻落实科学发展观，引导及促进深圳市绿色建筑技术的深入发展，为深圳市建筑行业提供绿色建筑技术支撑，提升建设品质，并推广绿色建筑理念，加强深圳市建筑行业专业技术交流，解决在推广绿色建筑技术发展中所遇到的各种问题，坚持因地制宜，探索出一条适合深圳实际的绿色建筑技术发展道路，为建设"宜居深圳"提供支撑。

深圳市土木建筑学会建筑运营专业委员会

深圳市土木建筑学会建筑运营专业委员会于 2019 年 10 月成立，为国内第一个致力于建筑运营技术与管理研究的学术组织。建筑运营需要打破设计建造按专业分工的模式，以"安全、舒适、健康的空间环境"的使用者需求结果为导向，以建筑全生命周期的可持续运行为目的，同时兼顾环保与资源节约。该委员会立足于粤港澳大湾区，以国内国际各类型建筑的运营现状和当前的设计建造技术水平为基础，从"建筑安全与设施管理""建筑能效与设备管理""建筑水资源应用管理""建筑环境与空间管理""建筑智能与信息化管理"以及"建筑运营模式与评价"六个方面开展技术研究工作。

6.3

重点企业

6.3.1 节能服务企业

深圳达实智能股份有限公司

深圳达实智能股份有限公司是国内领先的智慧城市建设服务提供商。公司成立于 1995 年,于 2010 年 6 月在深交所成功上市。以"让城市更智慧、让建筑更节能"为经营宗旨,聚焦智慧医疗、智慧建筑、智慧交通三大领域提供服务,快速布局雄安新区,在雄安设立北方总部,成为第一批获准在雄安新区注册的企业。拥有包括深圳、北京、上海等地区在内的 60 余家分支机构,服务范围覆盖全国。公司聚焦智慧医疗,运用 PPP 等服务模式推动业务及市场份额快速增长。依托集团医疗资源优势,运用医院后勤管理平台等自主研发核心技术和产品,创新采用"技术 + 金融"的双轮驱动策略,以 PPP、融资租赁、合同能源管理等多种商业模式,持续深化在医疗领域的服务能力和服务模式。依托设立在公司的国家博士后科研工作站,主导6 项国家标准编制工作,拥有 174 项发明专利、130 项实用新型专利和 157 项软件著作权。拥有自主创新的智能终端产品和物联网、互联网及大数据平台产品。公司硕士 / 博士联合培养中心与国内 60 余所著名高校建立了合作伙伴关系,目前已联合培养了 10 位博士后、200 余位硕士研究生。于深圳总部自主投资建设了由中国工程院院士孟建民先生执笔设计的高 200 米、45 层的超高层绿色智慧大厦——达实智能大厦,获得国家三星级、深圳市铂金级及 LEED 金级绿色建筑认证。

深圳嘉力达节能科技有限公司

深圳嘉力达节能科技有限公司成立于 1997 年,总部位于深圳,是一家专注于建筑节能解决方案的专业服务公司,是国家发改委第一批备案从事节能服务的国家级高新技术企业。公司经过二十多年的创新与积累,成功打造了节能领域的优势地位,曾参与《公共机构节能条例》等国家标准的制定起草;承担国务院机关事务管理局委托的"政府机构能耗统计指标体系"、国家重点研发计划课题"公共机构合同能源管理与能效提升应用示范"等课题研究；获得节能相关专利 14 项、软件著作权 58 项。迄今，公司已累计为全国 2 000 多个项目提供了节能服务，累计为社会节约用电 9 亿多度，减少二氧化碳排放 90 多万吨。

深圳市紫衡技术有限公司

　　深圳市紫衡技术有限公司是专注于建筑智慧机电运营服务和建筑能源服务的国家级高新技术企业。公司拥有深圳市政府引进的"海外高层次人才"2 名、国家级专家 2 名、著名大学研究生 20 余名，与清华大学共建成立"节能减排联合研发中心"，并先后与美国劳伦斯—伯克利国家实验室（LBNL）、国际能源署（IEA）、中美能效联盟（EFA）、华南理工大学、上海建科院等国内外权威机构共同开展省部级攻关课题 3 项、"十三五"国家重点研发计划 1 项、国际科技合作课题 3 项；参编《公共建筑能耗远程监测系统技术规程》等 14 项国家及省市级标准。

6.3.2　绿色建筑企业

深圳市建筑科学研究院股份有限公司

　　深圳市建筑科学研究院股份有限公司成立于 1982 年，其前身为深圳市建筑科学中心，伴随着深圳特区发展而成长。经过多年的发展，已成为深圳建设领域内提供综合服务的权威品牌机构。公司业务涉及科研、工程咨询、建筑设计、工程检测、信息工程监理、特种施工以及建筑文化的传播等多个方面。在近几年的发展中，切合国家可持续发展的战略，把建设绿色、节能建筑作为公司发展和为社会服务的脉络，将绿色、节能的理念体现在其服务的各个环节，以科学严谨的技术手段、专业的咨询和设计方案、准确公正的检测赢得了社会的肯定，同时还以营造正确的建筑文化观为己任，主办杂志向社会传播科学的建筑文化知识。目前在北京、上海、杭州、重庆、唐山、福建、四川等地拥有分支机构，与美国劳伦斯—伯克利国家实验室、美国雪城大学、美国能源基金会、荷兰国家应用科学院、荷兰代尔夫特理工大学等国内外知名高校和科研机构，以及华大基因、光启等知名科技创新企业建立了长期合作关系，已成为中国建筑节能、绿色建筑和生态低碳城市领域技术的先行者之一。2017 年 4 月 1 日，中央决定设立雄安新区，深圳市建筑科学研究院股份有限公司快速谋篇布局，在第二天就北上雄安开展实地调研，全情投入雄安绿色发展事业。

深圳万都时代绿色建筑技术有限公司

深圳万都时代绿色建筑技术有限公司创立于 2007 年，是国内最早从事生态绿色建筑技术服务的专业机构之一。公司立足深圳辐射全国，将绿色设计融入更多城市，足迹遍布全国 50+ 城市、涵盖五类气候区，为建筑面积超过 10 000 万平方米、逾 1 000 个项目提供了绿色建筑设计服务，获得国家、省、市奖励的绿色建筑项目 50 余项。时代品牌连续多年入围中国绿色建筑设计咨询 TOP10。公司是国家高新技术企业，秉承"创新提升溢价，技术控制成本、服务成就精品"的设计理念，用科技赋能建筑，以持续的研发和创新成就客户价值与理想。目前，公司已形成了包括绿色建筑（全流程）、海绵城市（全流程）、建筑性能设计、绿色机电、生态水环境等业务体系，为客户提供全过程、一站式的绿色生态建筑服务。

深圳市骏业建筑科技有限公司

深圳市骏业建筑科技有限公司立足深圳，积极向全国拓展深圳经验，在成立华南区域公司（广州）的基础上，2018 年又成立了华北区域公司（北京）、华东区域公司（上海）和西南区域公司（成都）覆盖全国区域市场，为广州市开发了绿色建筑辅助设计系统，与华南理工大学合作广州健康建筑课题研究，同时与广州市建委、佛山市建设局、珠海市建设局、东莞市建设局等全省 15 个地市建设局联合举办 20 多场节能与绿色建筑业务培训。

深圳诺丁汉可持续发展研究院有限公司

深圳诺丁汉可持续发展研究院有限公司（NSD）是一家致力于提供建筑行业可持续发展解决方案的专业咨询顾问机构。NSD 是英国诺丁汉大学驻深圳的校企，创立中英可持续发展联合实验室，实践和产业化工作，成为国内可持续发展领域产学研的联合平台；NSD 与多家企业签订战略合作协议，如招商集团、益田集团、君盛集团、星河地产、金茂集团、华润集团、雄安集团等；NSD 在可持续领域完成多个课题研究项目：如开展建设科技创新园项目的绿色建筑咨询工作、深圳市绿色建筑评价标准（2018）的主要参编单位等；NSD 在可持续设计咨询领域有丰富的经验，有 200 多个绿色建筑咨询服务项目，其中国家标准二、三星级项目数量超过 50 个，境外认证项目超过 100 个（包含 LEED、WELL、BREEAM）；海绵城市咨询项目超过 100 个。

深圳市越众绿色建筑科技发展有限公司

　　深圳市越众绿色建筑科技发展有限公司是国内最早从事绿色建筑行业研究与服务的专业公司之一，连续多年获得中国绿色建筑设计咨询竞争力十强的荣誉。公司与北京大学深圳研究生院合作成立联合实验室，进行绿色建筑与环境科学相关检测、研究及产品开发，同时也是住房城乡建设部评定的全国第一个"绿色施工"项目单位。

6.4
人才建设

6.4.1 领军人才

2016 年 10 月 24 日，经市政府批准，深圳市住房和建设局指导成立了深圳市建设科学技术委员会（以下简称"建设科技委"）。建设科技委是工程建设领域全市性综合技术决策咨询和研究机构，主要为深圳市建设领域的发展战略、规划法规、重大政策提供决策咨询，为建设领域"高、精、难、深"复杂工程及重大疑难问题提供技术支撑。为了进一步加强工作的专业性、科学性和权威性，发挥建设科技委在工程建设领域的决策咨询和技术支撑作用，建设科技委下设绿色建筑等 11 个专业委员会，涵盖了建筑、暖通、电气自动化、给排水、结构、建筑物理等各个专业。目前已为多个重大项目开展技术优化论证和政策及标准提供决策咨询，并在数次高端论坛和学术交流活动中为深圳发展建言献策。

建设科技委初创成员如图 6-1 所示。

图 6-1　建设科技委初创成员合影

6.4.2　专家资源

为加快推进深圳市绿色建筑评价标识工作，充分发挥专家队伍的作用，保证绿色建筑评价标识工作质量，根据住房城乡建设部《绿色建筑评价标识管理办法》《绿色建筑评价标识实施细则》与《一、二星级绿色建筑评价标识管理办法》的要求，深圳市住房和建设局先后两次组织对专家的培训和考试，并将考试合格的专家纳入深圳市绿色建筑评价标识专家委员会。

目前，深圳市共有绿色建筑评价专家 220 人，其中，住房城乡建设部评价标识专家 20 人，广东省评价标识专家 49 人，深圳市级评价标识专家 189 人。专家中，规划与建筑专业 65 人，结构专业 50 人，给排水专业 30 人，暖通专业 32 人，电气专业 26 人，建筑材料专业 9 人，建筑物理专业 6 人，建筑施工专业 2 人。

6.4.3　绿建职称

2014 年 8 月，深圳市人力资源和社会保障局根据行业发展诉求，在建筑工程类职称体系中创新增设了全国第一个绿色建筑专业职称，同年诞生了全国第一批绿色建筑工程师。2018 年，深圳市绿色建筑协会被列为深圳市首批正高级职称评审的评委会之一，这对绿色建筑工程师职称评审工作发展和行业人才培育具有里程碑意义。

绿色建筑工程师职称设立至 2019 年底，通过人员总共 279 人，其中正高 2 人，副高 62 人，为深圳市绿色建筑的发展培养了一大批优秀人才，对提升绿色建筑行业的技术从业人员整体水平、填补绿色建筑技术人才培养和评定的空白具有重要作用。

6.4.4　宣贯培训

近年来，国家到地方层面建筑节能、绿色建筑标准新旧更迭，标准指标要求、指标体系变动较大；装配式建筑、建筑信息模型（BIM）等建设科技领域新技术、新思想不断发展，工程建设行业从业人员受到的冲击较大，必须尽快更新知识体系，掌握最新标准要求。

为促进深圳市建设行业科技进步，深圳市住房和建设局近年来进行了一系列围绕绿色建筑发展的标准宣贯培训及行业宣传工作，加强业内科技发展推广力度，打造深圳市建设行业科技推广具有影响力的平台。系列活动主要包括建设行业最新的政策、文件、标准的宣贯和培训，新技术、新设备、新材料、新工艺的介绍和展示，科技成果应用试点、示范工程的科技成果交流参观和学习等。现已举办了 22 期"建设科技大讲堂"、30 余场标准规范宣贯培训，截至目前，累计学员人数超过 8 000 人次，学员覆盖市区建设主管部门以及开发建设、规划设计、施工图审查、绿色建筑咨询等领域，对深圳市绿色建筑和建设科技领域人才培养、提高专业技术人员对政策标准的理解和把握、提升业务水平起到了显著的作用，进一步落实了深圳市建设科技领域绿色发展理念。

7

7.1
展会活动

深圳市住房和建设局作为深圳市绿色建筑行业的行政主管部门，多年来，牵头组织、参与、开展了一系列展会参展、合作交流及媒体宣传等工作，积极向从业人员及社会公众介绍行业最新动态，提高社会公众对绿色建筑的认知度，营造全社会、全行业关心支持绿色建筑发展的良好氛围。

7.1.1 国际绿色建筑与建筑节能大会暨新技术与产品博览会

为促进我国住房和城乡建设领域的科技创新及绿色建筑与建筑节能的深入开展，"国际绿色建筑与建筑节能大会暨新技术与产品博览会"（简称"绿博会"）自2005 年开始，至今已成功举办了 15 届，是国内最具规模和影响力的绿色建筑与建筑节能行业盛会，并成功入选中国科协培育学术会议示范品牌。自第二届开始，深圳市连续 11 届以市政府名义组团参加绿博会，每届都受到国家部委领导及业界的高度关注，同时充分展示了深圳市绿色建筑与建设科技领域的重要成果，对推动深圳市绿色建筑与建设科技事业的发展发挥了重要作用。

2012 年 3 月，在参加北京第八届绿博会期间，深圳市荣获住房城乡建设部、中国城市科学研究会颁发的中国首个绿色建筑实践奖——城市科学奖，被住房城乡建设部誉为住房和建设领域"绿色先锋"城市；2015 年 3 月，在第十一届绿博会期间，深圳市发布了全国第一个绿色建筑 LOGO（图 7-1）。住房城乡建设部原副部长、国务院参事仇保兴为深圳绿色建筑 LOGO 发布仪式揭幕。

2019 年 4 月 3—4 日，第十五届绿博会在深圳会展中心召开，大会主题为"升级绿色建筑，助推绿色发展"。围绕主题，大会开设 50 场分论坛，近 500 场专题演讲。研讨内容包含行业发展趋势、政策标准、创新设计、评价检测、优化建造、绿色运营及绿色金融等 40 多个研讨专题。

图 7-1　第十一届绿博会深圳绿色建筑 LOGO 发布仪式

　　为进一步扩大深圳宣传力度，深圳展团通过会刊、手提袋、微信、新闻媒体等多渠道宣传深圳展团绿色建筑发展成果。一是通过印发深圳展团会刊、绿色建筑大事记折页、绿色建筑 LOGO 手提袋等实物媒介向参观人员介绍深圳绿色建筑发展成果；二是借助微信公众平台及时传递深圳展团最新进展与绿色建筑前沿动态；三是加大媒体宣传力度，深圳展团持续受到了《中国建设报》《深圳特区报》《深圳商报》《深圳晚报》等众多媒体的追踪报道。

经过 15 年的积累与沉淀，绿博会的影响力逐年递增，角度和内容也更加务实与多元化，是一个难得的行业交流与展示的机会。绿博会见证了中国绿色建筑行业的发展历程，深圳政府每年由市委领导亲自带队组团参展更成为绿博会上的一段佳话，为深圳"绿色先锋城市"形象的树立做出了巨大贡献。深圳展团秉持"政府搭台、企业唱戏"的原则，免费为建设领域的低碳创新企业搭建国际级的技术和产品交流平台，成为绿色建筑行业很多企业发展的起点和摇篮，深圳的企业也与绿博会共同成长，深圳 14 年的组团过程中，不断见证着这些绿建企业的华丽转身。如深圳达实智能股份有限公司，深圳首次组团即积极参与其中，彼时还是刚起步不久的小企业，经过十几年的发展，现已成为上市公司、行业中的领军企业。

7.1.2　中国国际高新技术成果交易会——绿色建筑和建设科技创新展

被誉为"中国科技第一展"的中国国际高新技术成果交易会（简称"高交会"），1999 年至今已成功举办了 20 届，是中国规模最大、最具影响力的科技类展会。其中，"绿色建筑和建设科技创新展"由深圳市住房和建设局于 2013 年指导创办，目前已成为高交会专业展之一，其中由深圳市建设科技促进中心承办的"建设科技专题馆"和深圳市绿色建筑协会承办的"绿色之家"从多角度全方位展示了深圳市建设行业最新科技创新成果，反响热烈，效果显著。

2019 年 11 月 13—17 日，第二十一届高交会在深圳会展中心举办。深圳市住房和建设局牵头指导了"绿色建筑和建设科技创新展"并主办"建设科技专题馆"。"绿色建筑和建设科技创新展"的四大特色板块——"建设科技专题馆""绿色之家""企业展示""展区活动"集中展示了深圳市近年来在绿色建筑、建筑工业化和智能化等建设领域积累的实践经验以及在产品技术研发和科技应用创新方面取得的丰硕成果，中建科工、中建科技、深圳地铁、深圳城安院、中邦集团等企业纷纷参展，颇具看点（图 7-2）。

7.1.3　深圳国际低碳城论坛

深圳国际低碳城论坛（简称"低碳城论坛"）创办于 2013 年 6 月，在国家发改委等部委的大力支持下，目前已成功举办 7 届，共吸引了来自超过 50 个国家与地区的政府机关、国际组织、跨国公司、著名智库和科研机构的 7000 余名嘉宾参加。经过 7 年的积累，低碳城论坛逐步成为展示我国应对气候变化行动、促进低碳发展国际合作的重要平台和政府、企业、智库共商应对气候变化治理能力及可持续发展问题的对话平台。

2019 年 8 月 29 日，2019 绿色发展城市高峰论坛暨第七届深圳国际低碳城论坛在深开幕，来自多个国家和地区的业界精英、专家学者围绕"粤港澳大湾区绿色发展　新机遇　新挑战　新动能"主题展开对话。国务院参事、科技部原副部长刘燕华，国家发展改革委环资司司长任树本，深圳市副市长艾学峰，特级宇航员、全国政协委员杨利伟等嘉宾出席开幕式并致辞。论坛上，2019 全球绿色低碳领域蓝天奖举行了颁奖典礼（图 7-3）。深圳有望 2020 年实现碳排放达峰；深圳作为全国首个碳交易试点城市，近年来，在低碳减排方面做出了有目共睹的成绩。

图 7-2　2019 年高交会深圳展馆

图 7-3　2019 全球绿色低碳领域蓝天奖颁奖典礼

7.1.4　其他展会活动

深圳市"十三五"工程建设科技重点项目发布会暨高质量发展论坛

为贯彻落实创新驱动发展战略，增强深圳建设行业科技创新能力，促进成果转化和推广应用，助力先行示范区建设，深圳市住房和建设局在第二十一届高交会期间（2019 年 11 月 14 日）举办了深圳市"十三五"工程建设科技重点项目发布会暨高质量发展论坛（图 7-4）。在论坛上，发布了"深圳市'十三五'建设领域科技重点计划（攻关）项目"共 144 项，聚焦建筑工程勘察与设计、施工建造、绿色发展、装配式建筑、信息化、新技术应用等重点前沿领域。发布会后举办了"高质量发展论坛"，邀请中国工程院院士欧进萍、岳清瑞和全国工程勘察设计大师陈宜言为深圳市工程建设领域高质量发展建言献策。

可持续建筑环境全球会议

可持续建筑环境 (SBE) 会议系列始于 2000 年，至今已成为可持续建筑及建造业界内最具影响力的国际性会议。2017 年度香港可持续建筑环境全球会议于 2017年 6 月 5—7 日在香港会议展览中心举行，来自 57 个国家和地区的 1 800 名绿色建筑精英、政府官员、专家学者及业界领袖云集香港，参与这个被誉为业界"奥运"为期 3 天的会议（图 7-5）。此次大会设立了以"点绿成金的探索——中国城市化进程的绿色实践"为主题的深圳分论坛，于 6 日下午在香港会议展览中心一楼会议厅举行，本次分论坛由深圳市绿色建筑协会、深圳市建筑科学研究院股份有限公司联合承办。会上，国务院参事、中国城市科学研究会理事长仇保兴，深圳市原副市

图 7-4　深圳市"十三五"工程建设科技重点项目发布会暨高质量发展论坛

长、哈尔滨工业大学（深圳）经管学院教授唐杰，深圳市住房和建设局局长张学凡，深圳市建筑科学研究院股份有限公司董事长叶青，万科企业股份有限公司副总裁王蕴以及保尔森基金会北京代表处执行主任莫争春分别进行了主旨发言。

中国工程科技论坛

第十二届中国工程管理（智慧城市）论坛由中国工程院和深圳市人民政府主办，旨在研究我国工程管理理论与实践、探讨工程管理发展领域的关键问题。从 2007 年举办首届以来，至今已经成功举办了 11 届，本届论坛吸引了来自国内外众多重量级的嘉宾参会。

2018 年 8 月 22 日上午，第 269 场中国工程科技论坛暨第十二届中国工程管理（智慧城市）论坛的智慧城市工程管理分论坛在五洲宾馆隆重举办（图 7-6）。该论坛由中国工程院工程管理学部、深圳市住房和建设局、深圳市建筑工务署共同承办。与本次论坛同期开展的"智慧城市博览会"吸引了 140 多家企业参展，1 500 个地方政府参展，34 位工程院院士围绕智慧城市建设前沿领域展开研讨、交流和共享最新研究成果，为我国智慧城市发展建言献策。

全国青少年绿色科普教育巡回课堂

2015 年 6 月 6 日，由深圳市住房和建设局、中国城市科学研究会绿色建筑与节能专业委员会主办，深圳市建设科技促进中心、深圳市绿色建筑协会共同承办的"全国青少年绿色科普教育巡回课堂——做绿色地球使者"启动仪式在深圳举行（图 7-7）。本次活动邀请了国内知名大学教授授课，为学生及家长们讲述了有

图 7-5 2017 年度香港可持续建筑环境全球会议现场

图 7-6　2018 年中国工程科技论坛

图 7-7　全国青少年绿色科普教育巡回课堂

关建筑的故事。深圳市住房和建设局联合中国城市科学研究会绿色建筑与节能专业委员会主办此次活动，旨在青少年中间掀起节能环保、低碳生活、绿色建筑的学习与实践热潮，建立"绿色、生态、低碳"行动的意识，普及相关科学技术知识，培养绿色建筑领域的"后续力量"，扩大绿色建筑的社会影响，实现我国绿色建筑的可持续性发展。

2015 年 12 月 10 日，由中国城市科学研究会绿色建筑与节能专业委员会、深圳市绿色建筑协会主办，深圳大学建筑与城市规划学院、深圳大学土木工程学院、深圳市建筑科学研究院股份有限公司承办的，以"绿建未来，梦想前行"为主题的"全国青少年绿色科普教育巡回课堂——绿色建筑走进深圳大学"大型教学活动在深圳大学举行（图 7-8）。来自深圳大学、深圳职业技术学院的 200 余名学生以及深圳从事绿色建筑行业的 50 余名专业人才参加了此次活动。

图 7-8　全国青少年绿色科普教育巡回课堂深圳大学现场

7.2
合作交流

7.2.1　国际合作

加入世界绿色低碳阵营

　　深圳重视与国际先进城市和地区的交流与合作，与欧美、亚太 10 多个国家、地区和国际组织建立了相关友好合作交流关系。2013 年 6 月 18 日，深圳碳市场领先全国其他试点率先启动，成为中国第一个碳市场，也是全球发展中国家第一个正式运行的碳市场。2014 年，深圳参与发起设立世界低碳城市联盟，成为 C40 城市气候领导联盟正式会员城市，并分别于 2014 年和 2016 年获得 C40 城市奖，积极融入世界绿色城市阵营，塑造良好国际形象。

　　2012 年 5 月，时任深圳市市长许勤应邀出席了在比利时布鲁塞尔欧盟总部举行的中欧城镇化伙伴关系高层会议，并在大会上全面介绍了"绿色低碳城市化"实践，提出了深圳与欧盟各方务实推进可持续城镇化伙伴关系发展的建议，重点与荷兰合作规划建设深圳国际低碳城，打造中欧可持续城镇化合作旗舰项目。

　　2014 年，中欧可持续城镇化合作的旗舰项目——深圳国际低碳城荣获保尔森基金会"2014 可持续发展规划项目奖"，这是国内第一个获得该奖项的项目。11 月 10 日，颁奖典礼在北京举行，时任深圳市市长许勤代表深圳国际低碳城捧回大奖（图 7-9）。

　　2012 年，深圳市建筑科学研究院和美国劳伦斯—伯克利国家实验室合作成立低碳建筑和社区联合研究中心，是该研究机构在美国之外成立的第一个联合研究机构。积极推动中美低碳建筑与社区创新实验中心项目，开展夏热冬暖地区的"净零能耗建筑"关键技术路径研究，在碳排放控制、环境质量提升等方面进行技术创新和突破（图 7-10）。

图 7-9   2014 年可持续发展规划项目奖颁奖

图 7-10   中美低碳建筑与社区创新实验中心效果图

与英国建筑研究院（BRE）

　　英国建筑研究院（BRE）作为世界上重要而知名的专业建筑研究权威机构，在推动绿色建筑和城市可持续发展方面有深厚的科研基础、丰富的工程案例和先进的技术、人才、产业和经验优势可资利用，引入深圳，可助推全市进一步提升相关技术创新研发水平、层次，提高相关绿色低碳产业集聚能力，促进深圳乃至国内绿色建筑快速发展，以及加强深圳在相关领域保持国内及国际上的先进地位。2014 年 5 月，时任深圳市长许勤会见了英国商务、创新与技能国务大臣兼贸易委员会主席文斯凯布尔博士一行。双方就加强在绿色建筑和城市建设可持续发展领域的合作进行了沟通和交流，并共同见证了深圳市住房和建设局与英国建筑研究院（BRE）的合作签约仪式（图 7-11）；2016 年 4 月，英国建筑研究院（BRE）中国总部正式落户深圳。

　　2018 年 2 月 2 日上午，英国建筑研究院（BRE）首席运营官兼 BRE 中国董事长尼尔特拉福德（Niall Trafford）一行到访深圳市住房和建设局，双方进行了友好交流，并就 BRE 总部落户深圳 2 年以来在 BREEAM 评价体系的推动、绿色建筑施工管理、建筑废弃物综合利用等方面取得的成果以及未来 5 年在绿色建筑培训和运营标识推广等合作内容进行了探讨。双方希望继续加强合作与互动，共同推动绿色建筑行业的发展进步。2018 年 4 月 18 日，深圳市绿色建筑协会与英国建筑研究院（BRE）签署培训合作协议；2018 年 12 月 14 日，英国建筑研究院（BRE）、深圳市建设科技促进中心、深圳市越众绿建科技有限公司联合举办既有建筑研讨会。目前，英国建筑研究院（BRE）与深圳市的合作持续深化，双方就共同推动绿色建筑标准对标研究做出进一步努力。

图 7-11　交流合作备忘录签字仪式

2019 年 9 月 4 日下午，英国建筑研究院（BRE）和深圳市绿色建筑协会共同组织"BREEAM 与新国标、深标协同策略分析研讨会"，向绿色建筑行业从业人员介绍新国标和 BREEAM 体系的对标情况；解读新国标的新增内容与 BREEAM 的协同性，帮助技术人员更好地把握新国标和 BREEAM 评价体系的技术要点；同时就新版深圳绿色建筑评价标准与 BREEAM 的对比研究成果作交流探讨。

与德国能源署（DENA）

2018 年 10 月 26 日，由住房城乡建设部科技与产业化发展中心与德国能源署（DENA）主办，深圳市建设科技促进中心、深圳市建筑科学研究院股份有限公司、深圳市绿色建筑协会协办的"中德合作提高建筑能效技术与示范研讨会"在深圳举行。本次研讨会，得到了广东省住房和城乡建设厅、深圳市住房和建设局的大力支持，是落实《关于落实中德城镇化伙伴关系合作谅解备忘录》精神的一项举措。

热带及亚热带地区绿色建筑委员会联盟

"热带及亚热带地区绿色建筑委员会联盟"是由中国绿色建筑与节能委员会和新加坡绿色建筑协会共同倡议建立的以气候带为划分的首个地域性研讨交流平台，于 2010 年 12 月 6 日在深圳隆重成立。联盟每年组织高水平的绿色建筑技术研讨会，已经先后在中国深圳、新加坡、马来西亚和中国福州、南宁、广州等地成功举办。

7.2.2 国内合作

计划单列市及港澳地区绿色建筑联盟

2016 年 7 月，为了发挥计划单列市及港澳地区的资源优势，推动我国绿色建筑向更高目标发展，中国绿色建筑与节能委员会牵头在宁波成立"计划单列市及港澳地区绿色建筑联盟"。2017 年 11 月 27 日，"2017 年计划单列市及港澳台地区绿色建筑联盟工作交流会"在深圳举行。本次会议由中国绿色建筑与节能委员会主办、深圳市绿色建筑协会承办，深圳、宁波、厦门、大连及港澳台地区的代表出席会议，共同推动联盟发展（图 7-12）。

中国绿色建筑与节能委员会青年委员会

2017 年 11 月 17 日，由中国绿色建筑与节能委员会青年委员会主办、深圳大学与深圳建筑科学研究院股份有限公司承办的"中国绿色建筑与节能委员会青年委员 2017 年年会"在深圳大学盛大召开（图 7-13）。

图 7-12 2017 年计划单列市及港澳台地区绿色建筑联盟工作会议交流

图 7-13 中国绿色建筑与节能委员会青年委员会 2017 年年会

7.3

媒体报道

近年来，各类社会媒体也对深圳市绿色建筑的各类突出发展进行了报道。传统媒体如《深圳商报》《深圳晚报》《南方都市报》《南方日报》等媒体及机构对深圳市近年来在绿色建筑与建筑节能等领域所进行的工作进行了相关报道。

互联网时代，各类互联网媒体开始蓬勃发展，各类自媒体和公众号也越来越多地进入公众的视野。以骏绿网为代表的绿色建筑互联网媒体开始在行业资讯领域发力，以提供行业展会视频作为契机，逐渐发展成为提供绿色建筑资讯的门户网站，起到了行业内的即时资讯传递作用。而传统媒体维持着自身的权威性，推动了行业学术交流。公众号自媒体则发挥机构信息发布、培训报名等综合作用，拥有着移动互联网的便利性，与网站和传统纸质媒体联合，全方面促进绿色建筑推广工作。

2019 年，借助绿博会在深圳召开的契机，深圳市进一步"走出去、引进来"，一方面加强对外宣传交流，借鉴学习外部先进经验做法，积极融入世界绿色建筑阵营，也更加积极主动向外界推广经验做法，打出绿色建筑"深圳品牌"。另一方面，进一步加强绿色建筑理念在市民层面的宣传推广工作，让绿色建筑深入人心，让百姓充分体验绿色建筑带来的获得感和幸福感。

7.3.1 骏绿网

骏绿网是国内首家以绿色建筑视频直播为特色的专业门户网站，是整合绿色建筑行业视频、专家、法规、标准、资讯、案例、问答、在线绿评等内容的全新绿色建筑门户网站，涵盖海量视频资源，集聚顶尖专家课件，覆盖全国政策法规、标准规范、最新资讯，网罗行业经典案例（图 7-14）。

截至目前，骏绿网已直播国内外行业尖端盛事超过百场，遍布深圳、广州、杭州、上海、北京、成都等国内城市，曾赴新加坡、英国等国家直播，创下单次观看达 5 万人次的最高纪录，接受骏绿网采访的国内外业界人士达百余位。

图 7-14　骏绿网

7.3.2　《新营造》

　　《住宅与房地产》杂志是经国家新闻出版广电总局批准，由自然资源部、住房城乡建设部指导，深圳住宅与房地产杂志社和中国房地产研究会主办的国内外公开发行的国家级权威期刊。自 2017 年 1 月起，为了更好地响应中央大力发展绿色建筑、装配式建筑的国家战略，更好地配合地方做好相关领域的宣传工作，《住宅与房地产》杂志中旬刊转型为以装配式建筑、绿色建筑、智慧建造为主的行业刊物，刊物定名为《新营造》，由深圳市建设科技促进中心作为出品单位，深圳市建筑产业化协会、深圳市绿色建筑协会、深圳市建筑信息模型产业创新发展促进会以及万科地产、中建科技集团、建安集团、鹏城建筑集团、现代营造等单位联合出品，主要围绕建筑产业、装配式建筑、绿色建筑等工作，积极做好相关政策的解读、知识的传播、技术的传授与经验的分享，成为科研单位、设计企业、开发企业、施工企业、建材生产企业的纽带和桥梁（图 7-15）。

图 7-15　《新营造》期刊封面

第 8 章
发展展望

2020年是深圳经济特区成立40周年，也是"十三五"规划实施的收关之年。随着生态文明建设的进一步深化、粤港澳大湾区建设加速推进，结合房地产业和建筑行业的新常态，深圳市更应努力建设中国特色社会主义先行示范区可持续发展先锋，打造成为粤港澳大湾区建设绿色建筑发展核心引擎。

8.1
政策制度方面

一是加快绿色建筑立法，抓紧开展将《深圳经济特区建筑节能条例》上升至深圳经济特区建筑绿色发展条例的研究工作，促进绿色建筑全面发展，全面提升建筑能源利用效率、显著改善人居环境品质，秉持以人为本、健康、环保、高效的理念，打造给人民群众带来获得感、幸福感的绿色建筑。加强消费端绿色建筑激励机制研究。

二是完善绿色建筑管理机制，出台《绿色建筑评价标识管理办法》《绿色建筑专家管理办法》，进一步推进第三方评价，加强对评价机构和评价专家的管理。根据新国标、新深标的要求，加强绿色建筑施工现场巡查，建立建成标识和运行标识现场核查机制，以结果为导向，确保绿色建筑落实。

三是加强信用体系建设，充分利用建筑市场监管公共服务平台，建立完善建筑市场各方主体守信激励和失信惩戒机制，认定、采集、审核、更新和公开本行政区域内建筑市场各方主体的信用信息，加快推进建筑市场信用体系建设，规范建筑市场秩序，营造公平竞争、诚信守法的市场环境。研究建立绿色建筑行业信用体系，建立"黑白名单"制度，提升绿色建筑行业自律水平，保障绿色建筑行业可持续发展。

四是加大政策扶持力度，推动把绿色建筑与建筑节能发展作为支持重点，有针对性地设置财政扶持政策，因地制宜地创新财政资金使用方式，放大资金使用效益，充分调动社会资金参与的积极性。配合有关部门研究建立服务有力、特色鲜明、重点突出的绿色金融支持体系，建立绿色建筑与建筑节能发展和金融机构信息共享机制，支持金融机构按照风险可控、商业可持续原则加大绿色建筑与建筑节能项目建设融资。

五是再造工程建设流程，以工程建设审批制度改革为契机，以国际建设工程商务规则为引导，以全生命周期的视角重新审视绿色建筑建设流程，打破方案设计、施工图设计、施工和运营各环节相互割裂的现状，让工程建设各利益相关方在建筑策划环节充分参与建筑目标定位和使用需求的分析，实现绿色建筑设计和建造流程再造，促进建设工程绿色化、工业化、信息化"三化"融合，显著提升工程建设水平。

8.2
标准建设方面

一是对标国际，以标准提升引领深圳质量提升，推动深圳标准与国际标准的互认。加强深港澳合作，研究"三地"优势及合作前景，为强强联合打下基础。借助粤港澳大湾区建设和"一带一路"建设的历史机遇让深圳标准"走出去"。

二是扩展标准覆盖至建设工程各个阶段，建立从建筑策划、设计、施工、竣工验收、运营维护、改造直至拆除的全生命周期绿色建筑标准体系，加快研究和编制、修订和发布绿色建筑设计标准、既有建筑绿色改造标准及规范。

三是加快建立涵盖各种建筑类型的绿色建筑标准体系，根据深圳市民生建设领域补短板的要求，针对具有特殊使用功能的建筑类型如学校、医院等建筑研究制定专项绿色建筑标准。

四是以《建筑节能与可再生能源利用通用规范》确定的节能指标为基线，以《近零能耗建筑技术标准》提出的超低能耗建筑、近零能耗建筑、零能耗建筑为三步阶段目标，编制发布超低能耗技术导则，逐步提升城镇新建民用建筑节能标准，力争到 2050 年，全市新建民用建筑全部达到零能耗建筑标准。

五是充分把握住房城乡建设部 2020 年重点工作任务部署，着力提升城市品质和人居环境质量，建设美丽城市，探索从单体建筑向区域空间内土地利用、生态环境、产业、交通、人文等方面全面绿色可持续建设模式。加快针对城区、园区、社区等区域尺度的绿色发展工程技术标准的研究和编制，加快推进重点发展片区工程设计相关技术标准。以绿色建筑单体为基本单元，逐步扩展绿色生态可持续人居建成环境建设范畴，在社区、街道、城区和城市尺度，加强城市规划和城市设计管理，与城市风貌管控相结合，探索显著降低单位面积碳排放的城市模型，着力提升城市品质和人居环境质量，加强绿色基础设施建设，构建重大公共健康事件及时响应的城市硬件环境。

8.3
科技成果方面

一是因地制宜推动深圳市可再生能源和绿色建材领域的制度标准建设和技术应用，通过政策强制或激励手段对可再生能源和绿色建材应用增加政策倾斜。

二是进一步推动建设科技成果转化，以政府主管部门作为研究主体开展的研究成果充分向行业和社会分享，进一步加强建设工程领域新技术推广和应用，增进行业和用户对建设科技的认同感。加强产学研联动，行业组织、企业与研究机构应以创新为激发企业不断迭代更新的动力，积极主动承担建设科技研究，进一步加大研发投入力度和科技成果产品应用力度，推动科研成果转化为生产力。

三是充分运用科技信息化手段有效提升建筑节能水平，利用大数据、云计算、互联网、物联网、虚拟现实等新技术，以大型公共建筑能耗数据平台为基础，构建深圳市建筑能耗预测分析与管理展示云平台，为主管部门统筹管理城市建筑能效提供数据平台，提升智慧城市的管理水平。

四是打造建设科技创新示范标杆项目，以深圳最大体量保障性住房——长圳公共住房项目为载体，按照绿色、智慧、科技的整体建设目标，并采用基于"建筑师负责制"的"EPC 总承包 + 全过程工程咨询"创新管理模式，积极推进示范项目建设创新技术、创新建设和运营管理模式，为全市建筑行业科技创新探索出可复制、可推广的经验。

8.4
宣传推广方面

一是将"绿博会""高交会""可持续建筑环境（SBE）会议"等展会打造成国内最有影响力的建设行业科技交流推广平台，加强对外宣传交流，借鉴学习外部先进经验做法，积极融入世界绿色建筑阵营，更加积极主动向外界推广经验，打出绿色建筑"深圳品牌"。

二是以政府投资项目为重点，培养打造一批高星级绿色建筑项目作为深圳绿色城市名片，并寻找发现和推广"小而美"的绿色建筑，提炼亮点，加强宣传。

三是进一步加强绿色建筑理念在市民层面的宣传推广工作，推行绿色住宅使用者监督机制，试点绿色住宅公积金、契税优惠政策，让绿色建筑深入人心，让百姓充分体验绿色建筑带来的获得感和幸福感。

8.5
存量激活方面

一是积极开展公共建筑能效提升重点城市建设，推动高能耗既有公共建筑实施节能改造，完成《深圳市公共建筑能效提升重点城市建设工作方案》中的工作任务。进一步加强既有建筑节能改造能力建设，充分引导既有建筑节能改造的市场化机制。在既有建筑节能改造的基础上推动绿色化改造，研究既有建筑绿色节能改造关键技术，完善相关技术指南和标准规范。

二是提高用能单位管理节能意识。树立改造项目典范，突出节能效应；加大引导力度，积极引导用能单位和个人重视行为节能，组织建筑能源管理单位开展节能知识与技能专题培训，强化管理节能和行为节能，鼓励实行用能奖惩制度，重视有助于降低建筑能耗的各个环节，巩固和扩大节能成效。

三是加强改造项目后续节能监管。要建立改造项目后续运行阶段的跟踪巡查机制，了解改造后的持续节能和使用效果，特别是办公与学校建筑的使用效果；加强既有公共建筑能耗监测平台的运行维护和监测数据的分析应用，挖掘建筑能耗监测平台大数据价值，引导用能单位研究和分析监测数据，挖掘建筑节能潜力、找出改造方向，研究建立建筑能耗数据的动态、可视化社会共享机制，通过平台科学预测建筑能耗强度空间分布、能耗变化趋势，提前预测相关政策、技术措施变化带来的影响。

四是积极开展既有居住建筑节能绿色化改造，在老旧小区改造中探索以节能改造为重点，小区公共环境整治，多层加装电梯等适老设施改造，给水、排水、电力和燃气等基础设施和建筑使用功能提升统筹推进的节能宜居综合改造模式。

五是完善建筑碳排放交易机制，制定建筑能耗超定额加价制度。以构建"建筑碳交易""绿色建筑认证标识""绿色产品性能认证标识""建筑能效引领者计划"等市场运作机制，调动社会积极因素，依靠市场这只无形之手，推动实施建设领域节能减排工作，形成以市场为主导的良性发展局面，节能产业技术力争达到国际一流城市水平。

8.6

行业革新方面

一是加快培育覆盖从设计、建设、咨询、运营全生命周期全产业链的企业类型，加强产业链上下游企业之间的合作、形成命运共同体，进一步增强企业参与国际业务的竞争力。

二是进一步强化行业自律，市场化与专业化双管齐下，在进一步推动市场化程度的同时以专业技术水平作为企业核心竞争力，进一步加强研发能力，加大研发投入，提升行业整体竞争力和企业盈利能力，保障绿色建筑行业可持续发展。

三是进一步创新人才培养机制，改变绿色建筑咨询行业附加值低、规模小、部分就业人员专业技术水平有待提高的现状，进一步做好职业继续教育培训，建立绿色建筑专业技术实训基地，在绿色建筑行业充分营造良好的学习氛围，在工程项目招投标、图纸交付、工程验收乃至企业资质等方面充分发挥绿色建筑工程师在行业中的作用。另外，应当充分利用和发掘专家资源，让专家持续不断地为深圳市绿色建筑发展作出贡献。

附　录

附录 1 深圳市现行绿色建筑与建筑节能配套政策法规汇总

序号	分项	名称	发布时间
1	法规、规章	《深圳经济特区建筑节能条例》（2018 年 12 月 27 日第二次修订版）	2006 年 11 月 1 日
2		《深圳市建筑废弃物减排与利用条例》（深圳市第四届人民代表大会常务委员会公告第 104 号）	2009 年 5 月 31 日
3		《深圳市预拌混凝土和预拌砂浆管理规定》（深府令第 212 号）	2009 年 10 月 23 日
4		《深圳市绿色建筑促进办法》（深府令第 253 号）（2017 年 1 月 4 日第一次修订版）	2017 年 6 月 5 日
5		《深圳市绿色物业管理专家管理办法》（深建规〔2019〕4 号）	2019 年 6 月 1 日
6	专项规划	《深圳市建设事业发展"十三五"规划》（深建字〔2016〕269 号）	2016 年 10 月 24 日
7		《深圳市应对气候变化及节能减排工作领导小组办公室关于印发＜深圳市"十三五"节能减排综合实施方案＞的通知》（深节能减排办〔2017〕3 号）	2017 年 3 月 6 日
8		《深圳市应对气候变化及节能减排工作领导小组办公室关于印发＜深圳市"十三五"能源消费强度和总量"双控"目标分解方案＞的通知》（深节能减排办〔2017〕5 号）	2017 年 3 月 7 日
9		《深圳市公共机构节能"十三五"规划》（深管〔2017〕20 号）	2017 年 3 月 24 日
10		《深圳市住房和建设局关于印发＜深圳市绿色建筑量质齐升三年行动方案（2018—2020 年）＞的通知》（深建科工〔2018〕58 号）	2018 年 9 月 10 日

续表

序号	分项	名称	发布时间
11		《关于进一步加强建筑废弃物减排与利用工作的通知》（深府办函〔2012〕130 号）	2012 年 9 月 9 日
12		《深圳市住房和建设局 深圳市发展和改革委员会 深圳市规划和国土资源委员会关于新开工房屋建筑项目全面推行绿色建筑标准的通知》（深建字〔2013〕134 号）	2013 年 5 月 22 日
13		《深圳市住房和建设局关于加强新建民用建筑施工图设计审查工作执行绿色建筑标准的通知》（深建节能〔2014〕13 号）	2014 年 3 月 18 日
14		《深圳市住房和建设局关于认真贯彻落实＜住房城乡建设部办公厅关于绿色建筑评价标识管理有关工作的通知＞的通知》（深建科工〔2016〕41 号）	2016 年 9 月 20 日
15		深圳市住房和建设局 深圳市规划和国土资源委员会 深圳市发展和改革委员会关于印发《关于提升建设工程质量水平打造城市建设精品的若干措施》的通知（深建规〔2017〕14 号）	2017 年 12 月 27 日
16		《深圳市住房和建设局关于印发进一步加强我市建筑废弃物处置工作若干措施的通知》（深建废管〔2018〕2 号）	2018 年 1 月 18 日
17	规范性文件	《深圳市建筑节能发展专项资金管理办法》（深建规〔2018〕6 号）	2018 年 5 月 24 日
18		《深圳市住房和建设局关于执行＜绿色建筑评价标准＞（SJG 47—2018）等有关事项的通知》（深建科工〔2018〕41 号）	2018 年 7 月 10 日
19		《深圳市住房和建设局关于执行＜公共建筑节能设计规范＞、＜居住建筑节能设计规范＞有关事项的通知＞（深建科工〔2018〕54 号）	2018 年 8 月 20 日
20		《深圳市住房和建设局关于印发＜深圳市公共建筑能效提升重点城市建设工作方案＞的通知》（深建科工〔2018〕64 号）	2018 年 10 月 10 日
21		《深圳市住房和建设局关于发布＜深圳市公共建筑节能改造设计与实施方案审查细则＞的通知》	2019 年 4 月 23 日
22		《深圳市住房和建设局关于发布＜深圳市2019—2020 年度公共建筑能效提升重点城市项目管理工作指引＞的通知》	2019 年 6 月 3 日
23		《深圳市住房和建设局关于发布＜深圳市公共建筑节能改造节能量核定导则＞的通知》	2019 年 6 月 25 日
24		《深圳市住房和建设局关于执行＜绿色建筑评价标准＞（GB/T 50378—2019）有关事项的通知》	2019 年 7 月 17 日

续表

序号	分项	名称	发布时间
25	规范性文件	《深圳市应对气候变化及节能减排工作领导小组办公室关于印发〈深圳市 2019 年能耗"双控"工作方案〉的通知》（深节能减排办〔2019〕7 号）	2019 年 8 月 26 日
26		《深圳市建设科技促进中心关于绿色建筑评价标识相关工作的通知》	2019 年 8 月 30 日
27		《深圳市住房和建设局关于印发〈绿色建筑运行检验技术规程〉SJG 64—2019 的通知》	2019 年 11 月 26 日
28		《深圳市住房和建设局关于印发〈公共建筑集中空调自控系统技术规程〉SJG 65—2019 的通知》	2019 年 11 月 26 日
29		《深圳市住房和建设局关于发布〈绿色预拌混凝土和预拌砂浆技术规程〉SJG 59—2019 的通知》	2019 年 12 月 3 日
30		《深圳市住房和建设局关于发布〈绿色建筑工程施工质量验收标准 SJG 67—2019〉的通知》	2019 年 12 月 13 日

附录 2 深圳市现行绿色建筑与建筑节能标准规范清单

序号	类别		标准规范名称	实施时间
			一、绿色建筑	
1	设计类	国家	《民用建筑绿色设计规范》（JGJ/T 229—2010）	2011 年 10 月 1 日
2			《被动式超低能耗绿色建筑技术导则 (试行) (居住建筑)》	2015 年 11 月 10 日
3			《既有社区绿色化改造技术标准》（JGJ/T 425—2017）	2018 年 6 月 1 日
4			《民用建筑绿色性能计算标准》（JGJ/T 449—2018）	2018 年 12 月 1 日
5		深圳	《深圳市居住小区低碳生态规划设计指引》	2014 年 9 月 15 日
6			《深圳市工业建筑绿色设计规范（电子信息类）》（SJG 31—2017）	2017 年 1 月 26 日
7			《深圳市执行〈绿色建筑评价标准〉（GB/T 50378—2014）施工图设计文件审查要点》	2017 年 4 月 6 日
8			《深圳市绿色建筑施工图审查要点》（《绿色建筑评价标准》（SJG 47—2018）	2018 年 10 月 5 日
9	施工类	国家	《建筑工程绿色施工规范》（GB/T 50905—2014）	2014 年 10 月 1 日
10		深圳	《深圳市建设工程安全文明施工标准》(SJG—46—2018)	2018 年 5 月 3 日
11	验收类	国家	《建筑工程施工质量验收统一标准》（GB 50300—2013）	2014 年 6 月 1 日
12		深圳	《建筑节能工程施工验收规范》（SZJG 31—2010）	2010 年 4 月 1 日
13			《绿色建筑工程施工质量验收标准》（SJG 67—2019）	2020 年 3 月 1 日
14	运行类	国家	《绿色建筑后评估技术指南》(办公和商店版)	2017 年 3 月 1 日
15			《绿色建筑运行维护技术规范》（JGJ/T 391—2016）	2017 年 6 月 1 日

续表

序号	类别		标准规范名称	实施时间
16	运行类	深圳	《物业管理基础术语》（SZDBZ 287—2018）	2018 年 3 月 1 日
17			《绿色物业管理导则》（SZDBZ 325—2018）	2018 年 10 月 10 日
18			《绿色建筑运行检验技术规程》（SJG 64—2019）	2020 年 3 月 1 日
19	国家	国家	《建筑工程绿色施工评价标准》（GB/T 50640—2010）	2011 年 10 月 1 日
20			《建筑工程绿色施工评价标准》（GB/T 50640—2010）	2011 年 10 月 1 日
21			《绿色工业建筑评价标准》（GB/T 50878—2013）	2014 年 3 月 1 日
22			《绿色办公建筑评价标准》（GB/T 50908—2013）	2014 年 5 月 1 日
23			《绿色建筑评价标准》（GB/T 50378—2014）	2015 年 1 月 1 日
24			《绿色建筑评价技术细则》（2015 年版）	2015 年 7 月 1 日
25			《绿色商店建筑评价标准》（GB/T 51100—2015）	2015 年 12 月 1 日
26			《绿色医院建筑评价标准》（GB/T 51153—2015）	2016 年 8 月 1 日
27			《既有建筑绿色改造评价标准》（GB/T 51141—2015）	2016 年 8 月 1 日
28			《绿色饭店建筑评价标准》（GB/T 51165—2016）	2016 年 12 月 1 日
29			《绿色博览建筑评价标准》（GB/T 51148—2016）	2016 年 12 月 1 日
30			《绿色生态城区评价标准》（GB/T 51255—2017）	2018 年 4 月 1 日
31			《绿色照明检测及评价标准》（GB/T 51268—2017）	2018 年 5 月 1 日
32			《绿色建筑评价标准》（GB/T 50378—2019）	2019 年 9 月 1 日
33			《绿色校园评价标准》（GB/T 51356—2019）	2019 年 10 月 1 日
34		深圳	《绿色建筑评价标准》（SJG 47—2018）	2018 年 10 月 1 日
35			《绿色物业管理项目评价标准》（SJG 50—2018）	2019 年 1 月 1 日
36		团体	《绿色校园评价标准》（CSUS/GBC 04—2013）	2013 年 4 月 1 日
37			《绿色数据中心建筑评价技术细则》（2015 年版）	2015 年 12 月 21 日
38			《健康建筑评价标准》（T/ASC 02—2016）	2017 年 1 月 6 日
39			《绿色航站楼标准》（MH/T 5033—2017）	2017 年 2 月 1 日

续表

序号	类别		标准规范名称	实施时间
			二、建筑节能	
40	设计类	国家	《公共建筑节能改造技术规范》（JGJ 176—2009）	2009 年 12 月 1 日
41			《夏热冬暖地区居住建筑节能设计标准》（JGJ 75—2012）	2013 年 4 月 1 日
42			《城市居住区热环境设计标准》（JGJ 286—2013）	2014 年 3 月 1 日
43			《公共建筑节能设计标准》（GB 50189—2015）	2015 年 10 月 1 日
44			《民用建筑热工设计规范》（GB 50176—2016）	2017 年 4 月 1 日
45			《工业建筑节能设计统一标准》（GB 51245—2017）	2018 年 1 月 1 日
46			《近零能耗建筑技术标准》（GBT 51350—2019）	2019 年 9 月 1 日
47		深圳	《公共建筑节能设计规范》（SJG 44 —2018）	2018 年 10 月 1 日
48			《居住建筑节能设计规范》（SJG 45 —2018）	2018 年 10 月 1 日
49	施工类	国家	《建筑节能工程施工验收规范》（GB 50411—2007）	2007 年 10 月 1 日
50			《建筑工程施工质量验收统一标准》（GB 50300—2013）	2014 年 6 月 1 日
51			《建筑工程绿色施工规范》（GBT 50905—2014）	2014 年 10 月 1 日
52		深圳	《建筑节能工程施工验收规范》（SZJG 31—2010）	2010 年 4 月 1 日
53			《绿色预拌混凝土和预拌砂浆技术规程》（SJG 59—2019）	2020 年 2 月 1 日
54			《绿色建筑工程施工质量验收标准》（SJG 67—2019）	2020 年 3 月 1 日
55	检测类	国家	《居住建筑节能检测标准》（JGJ/T 132—2009）	2010 年 7 月 1 日
56			《公共建筑节能检测标准》（JGJ/T 177—2009）	2010 年 7 月 1 日
57	运行类	国家	《综合能耗计算通则》（GB/T 2589-2008）	2008 年 6 月 1 日
58			《民用建筑能耗标准》（GB/T 51161—2016）	2016 年 12 月 1 日
59		深圳	《深圳市公共建筑能耗标准》（SJG 34—2017）	2017 年 6 月 5 日
60			《公共建筑能耗管理系统技术规程》（SJG 51—2018）	2019 年 1 月 1 日
61			《深圳市公共建筑节能改造设计与实施方案审查细则》	2019 年 5 月 3 日

续表

序号	类别		标准规范名称	实施时间
62	运行类	深圳	《深圳市公共建筑节能改造节能量核定导则》（2019 年版）	2019 年 6 月 25 日
63			《公共建筑集中空调自控系统技术规程》（SJG 65—2019）	2020 年 3 月 1 日
64	绿色建材	国家	《绿色建材评价技术导则（试行）》	2015 年 10 月 14 日
65	建筑废弃物利用	深圳	《建筑废弃物减排技术规范》（SJG 21—2011）	2012 年 1 月 1 日
66			《深圳市再生骨料混凝土制品技术规范》（SJG 25—2014）	2014 年 8 月 1 日
67			《深圳市建筑废弃物再生产品应用工程技术规程》（SJG 37—2017）	2017 年 8 月 30 日
68			《道路工程建筑废弃物再生产品应用技术规程》（SJG 48—2018）	2018 年 9 月 1 日
69			《深圳市建筑废弃物再生产品应用工程施工图设计文件审查要点》	2018 年 9 月 11 日
70			《建设工程建筑废弃物减排与综合利用技术标准》（SJG 63—2019）	2020 年 1 月 1 日
71			《建设工程建筑废弃物排放限额标准》（SJG 62—2019）	2020 年 1 月 1 日

附录 3　深圳市高星级（国家三星级 / 深圳市铂金级）绿色建筑标识项目清单

截至 2019 年 12 月 31

序号	项目名称	建设单位	参与单位	标识类型	评定等级	建筑面积（万平方米）	区域
1	华侨城体育中心扩建工程	深圳华侨城房地产有限公司	北京中外建建筑设计有限公司 清华大学建筑学院	设计标识	★★★	0.51	南山
2	深圳万科城四期	深圳市万科房地产有限公司	深圳市筑博工程设计有限公司 深圳万都时代绿色建筑技术有限公司 万科物业发展股份有限公司	设计＋运行	★★★	12.6	龙岗
3	南海意库 3# 楼改造	深圳招商房地产有限公司	深圳市清华苑建筑设计有限公司 深圳市越众绿色建筑科技发展有限公司招商局物业管理有限公司	设计＋运行	★★★ 铂金级	2.5	南山
4	万科中心（万科总部）	深圳市万科房地产有限公司	悉地国际设计顾问（深圳）有限公司 史蒂文·霍尔建筑师事务所 深圳市建筑科学研究院股份有限公司 万科物业发展股份有限公司	运行标识	★★★	1.66	盐田
5	招商观园会所	深圳招商房地产有限公司	深圳大学建筑设计研究院 深圳市越众绿色建筑科技发展有限公司	设计标识	★★★	0.6	龙华
6	深圳市建筑科学研究院办公大楼	深圳市建筑科学研究院有限公司	深圳市建筑科学研究院有限公司 深圳市建筑科学研究院股份有限公司 深圳市福田建筑安装工程有限公司 深圳玖伊运营管理有限公司	设计＋运行	★★★	1.82	福田
7	深圳市龙悦居三期 1 栋	深圳市万科房地产有限公司 深圳市建筑科学研究院有限公司	深圳市华阳国际工程设计有限公司 深圳市建筑科学研究院股份有限公司	设计标识	★★★ 铂金级	3.07	龙华

续表

序号	项目名称	建设单位	参与单位	标识类型	评定等级	建筑面积（万平方米）	区域
8	金地天悦湾项目一期	深圳市金地北城房地产开发有限公司	中建国际设计顾问有限公司 华南理工大学	设计标识	★★★ 金级	13.49	龙华
9	深圳万科第五园（七期）1—3栋、25—29栋	深圳市万科南城房地产有限公司	深圳市筑博工程设计有限公司 深圳市建筑科学研究院股份有限公司	设计标识	★★★	16.22	龙岗
10	深圳广田绿色产业基地园研发大楼	深圳广田高科新材料有限公司	深圳市建筑科学研究院有限公司 深圳市建筑科学研究院股份有限公司	设计标识	★★★	2.19	南山
11	深圳证券交易所营运中心	深圳证券交易所	荷兰大都会建筑师事务所（OMA） 深圳市建筑设计研究总院有限公司 广东省建筑科学研究院集团股份有限公司 中建三局集团有限公司 深圳证券交易所营运服务与物业管理有限公司	设计＋运行	★★★	26.73	福田
12	南方科技大学绿色生态校园建设项目行政办公楼	南方科技大学建设办公室	深圳市筑博工程设计有限公司 深圳市建筑科学研究院股份有限公司	设计标识	★★★	1.03	南山
13	深圳壹海城北区1、2、5号地块（01栋、02栋A座、02栋B座、二区商业综合体）	深圳万科滨海房地产开发有限公司	深圳华森建筑与工程设计顾问有限公司 深圳万都时代绿色建筑技术有限公司 中国建筑第二工程局有限公司 万科物业发展股份有限公司	设计＋运行	★★★	18.81	盐田
14	深圳市龙悦居三期2—6栋	深圳市万科房地产有限公司 深圳市建筑科学研究院有限公司	深圳市华阳国际工程设计有限公司 深圳市建筑科学研究院股份有限公司	设计标识	★★ 铂金级	18.55	龙华
15	人才园总承包工程	深圳市建筑工务署	深圳市库博建筑设计事务所有限公司 中国建筑科学研究院深圳分院	设计标识	★★ 铂金级	8.97	福田
16	光明高新园区公共服务平台	光明新区公共服务平台建设办公室	深圳市筑博设计股份有限公司 深圳市越众绿色建筑科技发展有限公司	设计标识	★★★ 铂金级	8.12	光明
17	福田区环境监测监控基地大楼	深圳市福田区环境保护监测站 深圳市福田区建筑工务局	深圳市建筑科学研究院有限公司 深圳市建筑科学研究院股份有限公司	设计标识	★★★ 铂金级	1.37	福田

续表

序号	项目名称	建设单位	参与单位	标识类型	评定等级	建筑面积 （万平方米）	区域
18	深圳市海上世界酒店	深圳蛇口海上世界酒店管理有限公司	广东省建筑设计研究院深圳分院 华南理工大学	设计标识	★★★	5.64	南山
19	深圳湾科技生态园3、8栋	深圳市投资控股有限公司	深圳市建筑设计研究总院有限公司 北京中外建建筑设计有限公司深圳分公司 深圳市建筑科学研究院股份有限公司	设计标识	★★★	2.57	南山
20	深圳市香江金融大厦	深圳市香江供应链管理有限公司	悉地国际设计顾问（深圳）有限公司 深圳市建筑科学研究院股份有限公司	设计标识	★★★	8.12	前海
21	深圳壹海城南区3、4、6号地块(3—1地块：AB座商务公寓、CD座办公；3—2号地块：A座酒店办公、B座办公；4号地块商业综合体)	深圳市万科滨海房地产有限公司	华森建筑与工程设计顾问有限公司 深圳市万都时代绿色建筑有限公司	设计标识	★★★	33.82	盐田
22	深圳华力特大厦	深圳市华力特电气股份有限公司	深圳市建筑科学研究院股份有限公司 深圳市建筑科学研究院股份有限公司	设计标识	★★★	1.28	光明
23	深圳市汉京金融中心	深圳市罗兰斯宝物业发展有限公司	筑博设计股份有限公司 深圳市筑博建筑技术系统研究有限公司	设计标识	★★★	16.5	南山
24	深圳大学西丽新校区——学术交流中心与会议中心（B3）	深圳市建筑工务署	深圳大学建筑设计研究院 深圳市建筑科学研究院股份有限公司	设计标识	★★★	2.57	南山
25	深圳万科云城(一期)1栋A栋B座、4栋、5栋	深圳市万科云城房地产开发有限公司	深圳市华阳国际工程设计有限公司 深圳万都时代绿色建筑技术有限公司	设计标识	★★★	7.99	南山
26	深圳华大基因中心——宿舍A1—A3	深圳华大基因科技有限公司	深圳华森建筑与工程设计顾问有限公司 深圳市建筑科学研究院股份有限公司	设计标识	★★★	5.78	盐田
27	深圳坪山文化中心图书馆	深圳市坪山新区建设管理服务中心 深圳坪山招商房地产有限公司	深圳市欧博工程设计顾问有限公司 深圳绿态建筑科技有限公司	设计标识	★★★	1.49	坪山
28	深圳华大基因中心——生物科技研发B、C、D、E、F楼	深圳华大基因科技有限公司	深圳华森建筑与工程设计顾问有限公司 深圳市建筑科学研究院股份有限公司	设计标识	★★★	13.5	盐田

续表

序号	项目名称	建设单位	参与单位	标识类型	评定等级	建筑面积(万平方米)	区域
29	深圳市中建钢构大厦	中建钢构有限公司	中国建筑东北设计研究院有限公司深圳分公司 深圳市建筑科学研究院股份有限公司 中建三局集团有限公司 中海物业管理有限公司深圳分公司	设计＋运行	★★★ 金级	5.56	南山
30	深圳基金大厦	南方基金管理有限公司 博时基金管理有限公司	深圳市建筑设计研究总院有限公司	设计标识	★★★	10.97	福田
31	深圳当代艺术馆与城市规划展览馆	深圳中海地产有限公司	深圳华森建筑与工程设计顾问有限公司 北京清华同衡规划设计研究院有限公司	设计标识	★★★ 金级	8.94	福田
32	深圳侨城坊一期工程12号楼	运泰建业置业（深圳）有限公司	深圳市欧博工程设计顾问有限公司 北京清华同衡规划设计研究院有限公司	设计标识	★★★	1.92	南山
33	深圳市青少年活动中心改扩建工程	深圳市建筑工务署	北京市建筑设计研究院深圳院 北京市建筑设计研究院有限公司	设计标识	★★★	1.92	福田
34	深圳沙头角中学总体改造项目	深圳市盐田区政府投资项目前期办公室	深圳市宝安建筑设计院 深圳市华阳绿色建筑节能有限公司	设计标识	★★★	2.69	盐田
35	深圳市平安金融中心北塔	深圳平安金融中心建设发展有限公司	悉地国际设计顾问（深圳）有限公司 中国建筑科学研究院上海分院 深圳市马特迪扬绿色科技发展有限公司	设计标识	★★★ 金级	45.82	福田
36	深圳市前海卓越金融中心一期	深圳前海卓越汇康投资有限公司	深圳市华阳国际工程设计股份有限公司 中国建筑科学研究院上海分院	设计标识	★★★	17.82	前海
37	深圳安托山花园1—6栋、9栋	深圳市东方欣悦实业有限公司	筑博设计股份有限公司 深圳万都时代绿色建筑技术有限公司	设计标识	★★★	12.39	福田
38	深圳市海曦小学	深圳市盐田区政府投资项目前期工作办公室	深圳市欧博工程设计顾问有限公司 深圳市三济节能技术有限公司	设计标识	铂金级	4.28	盐田
39	深圳市前海法治大厦项目	深圳市前海开发投资控股有限公司	悉地国际设计顾问（深圳）有限公司 深圳华森建筑与工程设计顾问有限公司	设计标识	★★★ 金级	3.58	前海

续表

序号	项目名称	建设单位	参与单位	标识类型	评定等级	建筑面积（万平方米）	区域
40	深圳市天汇时代花园一期（幼儿园）	深圳市天荣盛房地产开发有限公司	深圳市华阳国际工程设计有限公司 深圳市华阳绿色建筑节能有限公司	设计标识	★★★	0.32	光明
41	深圳坪山创新广场	深圳市坪山新区投资建设有限公司	深圳市欧博工程设计顾问有限公司 深圳市建筑科学研究院股份有限公司	设计标识	★★★	18.87	坪山
42	深圳市前海世茂中心项目	前海世茂发展（深圳）有限公司	筑博设计股份有限公司 深圳市筑博建筑技术系统研究有限公司	设计标识	★★★	19.37	前海
43	深圳市前海自贸大厦	深圳市前海开发投资控股有限公司	深圳机械院建筑设计有限公司 阿特金斯顾问（深圳）有限公司	设计标识	★★★ 金级	7.44	前海
44	深圳市达实大厦改扩建项目	深圳达实信息技术有限公司	深圳市建筑设计研究总院有限公司 北京达实德润能源科技有限公司	设计标识	★★★ 铂金级	8.87	南山
45	深圳市前海华润金融中心	华润置地前海有限公司 希润（深圳）产有限公司 润福（深圳）地产有限公司	广东省建筑设计研究院 深圳市建筑科学研究院股份有限公司	设计标识	★★★	74.66	前海
46	深圳市南山中心区 T106-0028 地块超高层项目	深圳市香江置业有限公司	北京市建筑设计研究院深圳院 前海引绿科技（深圳）有限公司 中铁建工集团 / 深圳市圣廷苑物业管理有限公司	设计 + 运行	★★★	23.04	南山
47	深圳市鹏瑞深圳湾壹号广场南地块三期项目	深圳市鹏瑞地产开发有限公司	悉地国际设计顾问（深圳）有限公司 前海引绿科技（深圳）有限公司	设计标识	★★★	17.26	南山
48	深圳万科滨海置地大厦	捷荣创富科技（深圳）有限公司	深圳市华阳国际工程设计有限公司 深圳万都时代绿色建筑技术有限公司	设计标识	★★★	8.16	福田
49	深圳市冠泽金融中心一期（公寓）项目	深圳市前海冠泽物业管理有限公司	广东省建筑设计研究院 深圳市建筑科学研究院股份有限公司	设计标识	★★★	10.71	南山
50	深圳蛇口邮轮中心	招商局蛇口工业区有限公司	广东省建筑设计研究院 深圳市骏业建筑科技有限公司 中铁建工集团有限公司 招商局物业管理有限公司	设计 + 运行	★★★	13.82	南山

续表

序号	项目名称	建设单位	参与单位	标识类型	评定等级	建筑面积（万平方米）	区域
51	深圳市低碳建筑产业化推广中心	深圳嘉力达节能科技有限公司	深圳市誉巢装饰设计工程有限公司 深圳市骏业建筑科技有限公司	设计标识	既改 ★★★ 铂金级	0.26	龙岗
52	深圳市南山外国语学校（集团）科华学校	华润置地（深圳）有限公司	广东省建筑设计研究院 深圳市建筑科学研究院股份有限公司	设计标识	★★★	5.42	南山
53	深圳市深康学校	深圳市福田区建筑工务局	深圳市清华苑建筑与规划设计研究有限公司 创始点咨询（深圳）有限公司 深圳市建筑科学研究院股份有限公司	设计标识	★★★	4.41	福田
54	深圳市光明文化艺术中心	深圳市光明区建筑工务局	奥意建筑工程设计有限公司	设计标识	★★★	13	光明
55	深圳市罗湖"二线插花地"棚户区改造项目—布心片区 01-03 地块社康	深圳市罗湖区住房和建设局	中国中建设计集团有限公司 深圳市骏业建筑科技有限公司	设计标识	★★★	0.58	罗湖
56	深圳前海嘉里商务中心（一—三期）3、5、6 栋公寓楼	寰安置业（深圳）有限公司	奥意建筑工程设计有限公司 中国建筑科学研究院有限公司上海分公司	设计标识	★★★	9.6	前海合作区
57	深圳前海嘉里商务中心（四期）1、2 栋办公楼	寰安置业（深圳）有限公司	奥意建筑工程设计有限公司 中国建筑科学研究院有限公司上海分公司	设计标识	★★★	20.38	前海合作区
58	前海卓越金融中心二期	深圳前海卓越汇康投资有限公司	深圳市华阳国际工程设计股份有限公司 深圳市越众绿色建筑科技发展有限公司	设计标识	★★★	46.67	前海合作区
59	前海华润金融中心 T201-0078（1）T1 办公	希润（深圳）地产有限公司	广东省建筑设计研究院 深圳市幸福人居建筑科技有限公司	设计标识	铂金级	14.57	前海合作区
60	前海华润金融中心 T201-0078（2）T3 酒店	润福（深圳）地产有限公司	广东省建筑设计研究院 深圳市幸福人居建筑科技有限公司	设计标识	铂金级	6.42	前海合作区
61	深圳市卓越后海金融中心	深圳市卓越康合投资发展有限公司、深圳市圳宝实业有限公司	悉地国际设计顾问（深圳）有限公司 深圳万都时代绿色建筑技术有限公司	运行标识	★★★	12.39	南山
62	南方科技大学校园建设工程二期（人文学院、学术交流中心）2 标段 C	深圳市建筑工务署工程管理中心	香港华艺设计顾问（深圳）有限公司	设计标识	★★★	2.92	南山

续表

序号	项目名称	建设单位	参与单位	标识类型	评定等级	建筑面积（万平方米）	区域
63	深圳市坪山区竹坑学校项目	深圳市坪山区建筑工务署	中建科技有限公司	设计标识	★★★	7.57	坪山
64	深圳市前海卓越金融中心一期	深圳市前海卓越汇康投资有限公司	深圳市华阳国际工程设计股份有限公司 深圳市洲行绿建科技有限公司	设计＋运行	★★★	17.82	前海合作区
65	岗厦皇庭大厦	深圳市皇庭房地产开发有限公司	深圳市幸福人居建筑科技有限公司	设计＋运行	★★★	16.66	福田
66	麦克维尔工业园区6号楼	深圳麦克维尔空调有限公司	广东粤建设计研究院有限公司 深圳市骏业建筑科技有限公司	设计标识	★★★	0.88	龙岗